DISCOURS

SUR

LES RÉVOLUTIONS

DE LA SURFACE DU GLOBE.

AVIS DU LIBRAIRE-ÉDITEUR.

Par un sentiment de loyauté envers les souscripteurs de la seconde édition des Recherches sur les ossements fossiles, par M. le baron G. Cuvier (7 vol. in-4°), et pour leur offrir les moyens d'avoir la seule partie qui renfermât des changements et des additions, nous avons tiré séparément, lors de la mise en vente de la troisième édition de ce grand ouvrage, le présent discours, format in-4°, accompagné de six planches et enrichi d'un beau portrait de l'auteur.

Il en reste encore quelques exemplaires in-4°, grand raisin.

Prix : sur papier superfin des Vosges. . . . . 9 fr.
— sur papier vélin. . . . . 12 fr.

PARIS. — IMPRIMERIE DE CASIMIR,
rue de la Vieille-Monnaie, n° 12.

DISCOURS

SUR

LES RÉVOLUTIONS

DE LA SURFACE DU GLOBE,

ET SUR LES CHANGEMENTS QU'ELLES ONT PRODUITS
DANS LE RÈGNE ANIMAL;

PAR M. LE BARON G. CUVIER,

Grand officier de la Légion-d'Honneur et de l'ordre de la Couronne de Wur-
temberg, conseiller ordinaire au Conseil d'État et au Conseil royal de l'ins-
truction publique, l'un des quarante de l'Académie-Française, secrétaire
perpétuel de celle des sciences, des Académies et Sociétés royales des
sciences de Londres, de Berlin, de Pétersbourg, de Stockholm, de Turin,
de Gœttingue, de Copenhague, de Munich, de l'Académie italienne, de
la Société géologique de Londres, de la Société asiatique de Calcutta, etc.

SIXIÈME ÉDITION FRANÇAISE,
REVUE ET AUGMENTÉE.

A PARIS,

CHEZ EDMOND D'OCAGNE,

LIBRAIRE-ÉDITEUR, RUE DES PETITS AUGUSTINS, N° 12;

ET A AMSTERDAM,

CHEZ G¹. DUFOUR ET Cⁱᵉ,

PRÈS LA BOURSE.

1830.

AVERTISSEMENT.

Des traductions anglaises et allemandes
de ce discours ayant paru séparément,
quelques personnes ont désiré qu'il en fût
aussi fait une édition française distincte
du grand ouvrage auquel il sert d'introduction. En cédant à ce vœu, on a cherché à profiter des observations des différents éditeurs étrangers, et à suivre les
progrès qu'a faits, depuis la publication
de la dernière édition, une science cul-
tivée aujourd'hui avec plus d'ardeur que
jamais. Enfin on a cru devoir terminer
cet écrit par une énumération sommaire
des espèces d'animaux découvertes par
l'auteur, et décrites dans le grand ou-

vrage, afin que les personnes qui n'ont pas le loisir d'approfondir entièrement ces matières difficiles puissent en prendre au moins une idée générale et apprécier les raisonnements auxquels ces découvertes servent de base, et les conséquences importantes qui en résultent pour l'histoire de la terre et de l'homme.

P. S. Depuis l'édition à laquelle se rapporte l'avertissement ci-dessus, il a été recueilli encore plusieurs espèces fossiles, et dans des positions diverses et remarquables. L'auteur a intercalé dans la présente édition, aux endroits convenables, celles de ces découvertes dont il a pu se faire des idées nettes; il les reproduira en détail, ainsi que celles qu'il a faites lui-même, et il discutera toutes les hypothèses nouvelles auxquelles elles ont donné lieu, dans le volume de Supplément à son grand ouvrage qu'il se propose de faire paraître sous peu.

DISCOURS

SUR

LES RÉVOLUTIONS

DE

LA SURFACE DU GLOBE,

ET SUR LES CHANGEMENTS QU'ELLES ONT PRODUITS
DANS LE RÈGNE ANIMAL.

───••◦◦◦••───

Dans mon ouvrage sur les *Ossements fossiles*, je me suis proposé de reconnaître à quels animaux appartiennent les débris osseux dont les couches superficielles du globe sont remplies. C'était chercher à parcourir une route où l'on n'avait encore hasardé que quelques pas. Antiquaire d'une espèce nouvelle, il me fallut apprendre à la fois à restaurer ces monuments des révolutions passées et à en déchiffrer le sens; j'eus à recueillir et à rapprocher dans leur ordre primitif les fragments dont ils se composent, à

reconstruire les êtres antiques auxquels ces fragments appartenaient ; à les reproduire avec leurs
proportions et leurs caractères ; à les comparer
enfin à ceux qui vivent aujourd'hui à la surface
du globe : art presque inconnu, et qui suppo-
sait une science à peine effleurée auparavant,
celle des lois qui président aux coexistences des
formes des diverses parties dans les êtres organisés. Je dus donc me préparer à ces recherches
par des recherches bien plus longues sur les animaux existants ; une revue presque générale de
la création actuelle pouvait seule donner un caractère de démonstration à mes résultats sur
cette création ancienne ; mais elle devait en
même temps me donner un grand ensemble de
règles et de rapports non moins démontrés, et
le règne entier des animaux ne pouvait man-
quer de se trouver en quelque sorte soumis à
des lois nouvelles, à l'occasion de cet essai sur
une petite partie de la théorie de la terre.

Ainsi, j'étais soutenu dans ce double travail
par l'intérêt égal qu'il promettait d'avoir, et
pour la science générale de l'anatomie, base es-
sentielle de toutes celles qui traitent des corps

organisés, et pour l'histoire physique du globe, ce fondement de la minéralogie, de la géographie, et même, on peut le dire, de l'histoire des hommes, et de tout ce qu'il leur importe le plus de savoir relativement à eux-mêmes.

Si l'on met de l'intérêt à suivre dans l'enfance de notre espèce les traces presque effacées de tant de nations éteintes, comment n'en mettrait-on pas aussi à rechercher dans les ténèbres de l'enfance de la terre les traces de révolutions antérieures à l'existence de toutes les nations ? Nous admirons la force par laquelle l'esprit humain a mesuré les mouvements de globes que la nature semblait avoir soustraits pour jamais à notre vue ; le génie et la science ont franchi les limites de l'espace ; quelques observations développées par le raisonnement ont dévoilé le mécanisme du monde. N'y aurait-il pas aussi quelque gloire pour l'homme à savoir franchir les limites du temps, et à retrouver, au moyen de quelques observations, l'histoire de ce monde et une succession d'événements qui ont précédé la naissance du genre humain ? Sans doute les astronomes ont marché plus vite que les naturalistes, et l'époque où se trouve aujourd'hui la théorie de la terre ressemble un peu à celle où quelques philosophes croyaient le ciel de pierres de taille et la lune grande comme le Péloponèse; mais, après les Anaxagoras, il est venu des Copernic et des Kepler qui ont frayé la route à Newton; et pourquoi l'histoire naturelle n'aurait-elle pas aussi un jour son Newton?

Exposition.

C'est le plan et le résultat de mes travaux sur les os fossiles que je me propose surtout de présenter dans ce discours. J'essaierai aussi d'y tracer un tableau rapide des efforts tentés jusqu'à ce jour pour retrouver l'histoire des révolutions du globe. Les faits qu'il m'a été donné de découvrir ne forment sans doute qu'une bien petite partie de ceux dont cette antique histoire devra se composer; mais plusieurs d'entre eux conduisent à des conséquences décisives, et la manière rigoureuse dont j'ai procédé à leur détermination me donne lieu de croire qu'on les regardera comme des points définitivement fixés et qui constitueront une époque dans la science. J'espère enfin que leur nouveauté m'ex-

cusera si je réclame pour eux l'attention principale de mes lecteurs.

Mon objet sera d'abord de montrer par quels
rapports l'histoire des os fossiles d'animaux terrestres se lie à la théorie de la terre, et quels
motifs lui donnent à cet égard une importance
particulière. Je développerai ensuite les principes sur lesquels repose l'art de déterminer ces
os, ou, en d'autres termes, de reconnaître un
genre et de distinguer une espèce par un seul
fragment d'os, art de la certitude duquel dé-
pend celle de tout mon travail. Je donnerai
une indication rapide des espèces nouvelles,
des genres auparavant inconnus que l'application de ces principes m'a fait découvrir, ainsi
que des diverses sortes de terrains qui les recèlent; et, comme la différence entre ces espèces et celles d'aujourd'hui ne va pas au-delà
de certaines limites, je montrerai que ces limites dépassent de beaucoup celles qui distinguent
aujourd'hui les variétés d'une même espèce : je
ferai donc connaître jusqu'où ces variétés peuvent aller, soit par l'influence du temps, soit
par celle du climat, soit enfin par celle de la do-

mesticité. Je me mettrai par là en état de conclure, et d'engager mes lecteurs à conclure avec
moi, qu'il a fallu de grands événements pour
amener les différences bien plus considérables
que j'ai reconnues : je développerai donc les modifications particulières que mes recherches doivent introduire dans les opinions reçues jusqu'à
ce jour sur les révolutions du globe ; enfin j'exa-
minerai jusqu'à quel point l'histoire civile et
religieuse des peuples s'accorde avec les résultats de l'observation sur l'histoire physique de
la terre, et avec les probabilités que ces observations donnent touchant l'époque où les sociétés humaines ont pu trouver des demeures fixes
et des champs susceptibles de culture, et où par
conséquent elles ont pu prendre une forme
durable.

Première ap-
parence de la
terre.

Lorsque le voyageur parcourt ces plaines fécondes où des eaux tranquilles entretiennent
par leur cours régulier une végétation abon-
dante, et dont le sol, foulé par un peuple nombreux, orné de villages florissants, de riches
cités, de monuments superbes, n'est jamais

troublé que par les ravages de la guerre ou par l'oppression des hommes en pouvoir, il n'est pas tenté de croire que la nature ait eu aussi ses guerres intestines, et que la surface du globe ait été bouleversée par des révolutions et des catastrophes; mais ses idées changent dès qu'il cherche à creuser ce sol aujourd'hui si paisible, ou qu'il s'élève aux collines qui bordent la plaine; elles se développent pour ainsi dire avec sa vue, elles commencent à embrasser l'étendue et la grandeur de ces événements antiques dès qu'il gravit les chaînes plus élevées dont ces collines couvrent le pied, ou qu'en suivant les lits des torrents qui descendent de ces chaînes il pénètre dans leur intérieur.

Les terrains les plus bas, les plus unis, ne nous montrent, même lorsque nous y creusons à de très-grandes profondeurs, que des couches horizontales de matières plus ou moins variées, qui enveloppent presque toutes d'innombrables produits de la mer. Des couches pareilles, des produits semblables, composent les collines jusqu'à d'assez grandes hauteurs. Quelquefois

Premières Preuves de révolutions.

les coquilles sont si nombreuses, qu'elles forment à elles seules toute la masse du sol : elles
s'élèvent à des hauteurs supérieures au niveau
de toutes les mers, et où nulle mer ne pourrait être portée aujourd'hui par des causes existantes : elles ne sont pas seulement enveloppées dans des sables mobiles, mais les pierres
les plus dures les incrustent souvent et en sont
pénétrées de toute part. Toutes les parties du
monde, tous les hémisphères, tous les continents, toutes les îles un peu considérables présentent le même phénomène. Le temps n'est
plus où l'ignorance pouvait soutenir que ces
restes de corps organisés étaient de simples
jeux de la nature, des produits conçus dans le
sein de la terre par ses forces créatrices ; et les
efforts que renouvellent quelques métaphy-
siciens ne suffiront probablement pas pour
rendre de la faveur à ces vieilles opinions. Une
comparaison scrupuleuse des formes de ces
dépouilles, de leur tissu, souvent même de
leur composition chimique, ne montre pas la
moindre différence entre les coquilles fossiles
et celles que la mer nourrit : leur conservation

n'est pas moins parfaite; l'on n'y observe le plus souvent ni détrition ni ruptures, rien qui annonce un transport violent; les plus petites d'entre elles gardent leurs parties les plus délicates, leurs crêtes les plus subtiles, leurs pointes les plus déliées; ainsi non-seulement elles ont vécu dans la mer, elles ont été déposées par la mer; c'est la mer qui les a laissées dans des lieux où on les trouve : mais cette mer a séjourné dans ces lieux; elle y a séjourné assez long-temps et assez paisiblement pour y former les dépôts si réguliers, si épais, si vastes, et en partie si solides, que remplissent ces dépouilles d'animaux aquatiques. Le bassin des mers a donc éprouvé au moins un changement, soit en étendue, soit en situation. Voilà ce qui résulte déjà des premières fouilles et de l'observation la plus superficielle.

Les traces de révolutions deviennent plus imposantes quand on s'élève un peu plus haut, quand on se rapproche davantage du pied des grandes chaînes.

Il y a bien encore des bancs coquilliers; on en aperçoit même de plus épais, de plus so-

lides : les coquilles y sont tout aussi nombreuses, tout aussi bien conservées; mais ce
ne sont plus les mêmes espèces; les couches
qui les contiennent ne sont plus aussi généralement horizontales : elles se redressent obliquement, quelquefois presque verticalement :
au lieu que, dans les plaines et les collines
plates, il fallait creuser profondément pour connaître la succession des bancs, on les voit ici
par leur flanc, en suivant les vallées produites
par leurs déchirements : d'immenses amas de
leurs débris forment au pied de leurs escarpements des buttes arrondies, dont chaque dégel
et chaque orage augmentent la hauteur.

Et ces bancs redressés qui forment les crêtes
des montagnes secondaires ne sont pas posés
sur les bancs horizontaux des collines qui leur
servent de premiers échelons; ils s'enfoncent
au contraire sous eux. Ces collines sont ap-
puyées sur leurs pentes. Quand on perce les
couches horizontales dans le voisinage des
montagnes à couches-obliques, on retrouve ces
couches obliques dans la profondeur : quelquefois même, quand les couches obliques ne

sont pas trop élevées, leur sommet est couronné par des couches horizontales. Les couches obliques sont donc plus anciennes que les couches horizontales ; et comme il est impossible, du moins pour le plus grand nombre, qu'elles n'aient pas été formées horizontalement, il est évident qu'elles ont été relevées, qu'elles l'ont été avant que les autres s'appuyassent sur elles (1).

Un ingénieux géologiste vient même de prouver qu'il n'est pas impossible de fixer les époques relatives de chacun de ces relèvements des couches obliques d'après la nature et l'an-

---

(1) L'idée soutenue par quelques géologistes, que certaines couches ont été formées dans la position oblique où elles se trouvent maintenant, en la supposant vraie pour quelques-unes qui se seraient cristallisées, ainsi que le dit M. Greenough, comme les dépôts qui incrustent tout l'intérieur des vases où l'on fait bouillir des eaux gypseuses, ne peut du moins s'appliquer à celles qui contiennent des coquilles ou des pierres roulées, qui n'auraient pu attendre, ainsi suspendues, la formation du ciment qui devait les agglutiner.

cienneté des couches horizontales qui s'appuient sur elles (1).

Ainsi la mer, avant de former les couches horizontales, en avait formé d'autres, que des causes quelconques avaient brisées, redressées, bouleversées de mille manières; et, comme plusieurs de ces bancs obliques qu'elle avait formés plus anciennement s'élèvent plus haut que ces couches horizontales qui leur ont succédé, et qui les entourent, les causes qui ont donné à ces bancs leur obliquité les avaient aussi fait saillir au-dessus du niveau de la mer, et en avaient fait des îles, ou au moins des écueils et des inégalités, soit qu'ils eussent été relevés par une extrémité, ou que l'affaissement de l'extrémité opposée eût fait baisser les eaux; second résultat non moins clair, non moins démontré que le premier, pour quiconque se donnera la peine d'étudier les monuments qui l'appuient.

---

(1) Voyez l'excellent Mémoire de M. *Élie de Beaumont*, dans les Annales des Sciences naturelles de septembre 1829, et livraisons suivantes.

Mais ce n'est point à ce bouleversement des couches anciennes, à ce retrait de la mer après la formation des couches nouvelles, que se bornent les révolutions et les changements auxquels est dû l'état actuel de la terre.

Preuves que ces révolutions ont été nombreuses.

Quand on compare entre elles, avec plus de détail, les diverses couches, et les produits de la vie qu'elles recèlent, on reconnaît bientôt que cette ancienne mer n'a pas déposé constamment des pierres semblables entre elles, ni des restes d'animaux de mêmes espèces, et que chacun de ses dépôts ne s'est pas étendu sur toute la surface qu'elle recouvrait. Il s'y est établi des variations successives, dont les premières seules ont été à peu près générales, et dont les autres paraissent l'avoir été beaucoup moins. Plus les couches sont anciennes, plus chacune d'elles est uniforme dans une grande étendue; plus elles sont nouvelles, plus elles sont limitées; plus elles sont sujettes à varier à de petites distances. Ainsi les déplacements des couches étaient accompagnés et suivis de changements dans la nature du liquide et des matières qu'il tenait en dissolution; et lorsque

certaines couches, en se montrant au-dessus
des eaux, eurent divisé la surface des mers
par des îles, par des chaînes saillantes, il put
y avoir des changements différents dans plusieurs des bassins particuliers.

On comprend qu'au milieu de telles variations dans la nature du liquide, les animaux
qu'il nourrissait ne pouvaient demeurer les
mêmes. Leurs espèces, leurs genres même,
changeaient avec les couches; et, quoiqu'il
y ait quelques retours d'espèces à de petites
distances, il est vrai de dire, en général, que
les coquilles des couches anciennes ont des
formes qui leur sont propres; qu'elles disparaissent graduellement, pour ne plus se montrer dans les couches récentes, encore moins
dans les mers actuelles, où l'on ne découvre
jamais leurs analogues d'espèces, où plusieurs
de leurs genres eux-mêmes ne se retrouvent
pas; que les coquilles des couches récentes au
contraire ressemblent, pour le genre, à celles
qui vivent dans nos mers, et que dans les dernières et les plus meubles de ces couches, et
dans certains dépôts récents et limités il y a

quelques espèces que l'œil le plus exercé ne pourrait distinguer de celles que nourrissent les côtes voisines.

Il y a donc eu dans la nature animale une succession de variations qui ont été occasionées par celles du liquide dans lequel les animaux vivaient ou qui du moins leur ont correspondu; et ces variations ont conduit par degrés les classes des animaux aquatiques à leur état actuel; enfin, lorsque la mer a quitté nos continents pour la dernière fois, ses habitants ne différaient pas beaucoup de ceux qu'elle alimente encore aujourd'hui.

Nous disons, *pour la dernière fois*, parce que, si l'on examine avec encore plus de soin ces débris des êtres organiques, on parvient à découvrir au milieu des couches marines, même les plus anciennes, des couches remplies de productions animales ou végétales de la terre et de l'eau douce; et, parmi les couches les plus récentes, c'est-à-dire les plus superficielles, il en est où des animaux terrestres sont ensevelis sous des amas de productions de la mer. Ainsi les diverses catastrophes qui ont

remué les couches n'ont pas seulement fait
sortir par degrés du sein de l'onde les diverses
parties de nos continents et diminué le bassin
des mers; mais ce bassin s'est déplacé en
plusieurs sens. Il est arrivé plusieurs fois que
des terrains mis à sec ont été recouverts par
les eaux, soit qu'ils aient été abîmés, ou que
les eaux aient été seulement portées au-dessus
d'eux; et pour ce qui regarde particulièrement
le sol que la mer a laissé libre dans sa dernière
retraite, celui que l'homme et les animaux
terrestres habitent maintenant, il avait déjà
été desséché au moins une fois, peut-être plusieurs, et avait nourri alors des quadrupèdes,
des oiseaux, des plantes et des productions
terrestres de tous les genres; la mer qui l'a
quitté l'avait donc auparavant envahi. Les changements dans la hauteur des eaux n'ont donc
pas consisté seulement dans une retraite plus
ou moins graduelle, plus ou moins générale;
il s'est fait diverses irruptions et retraites successives, dont le résultat définitif a été cependant une diminution universelle de niveau.

Mais, ce qu'il est aussi bien important de remarquer, ces irruptions, ces retraites répétées, n'ont point toutes été lentes, ne se sont point toutes faites par degrés ; au contraire, la plupart des catastrophes qui les ont amenées ont été subites ; et cela est surtout facile à prouver pour la dernière de ces catastrophes ; pour celle qui par un double mouvement a inondé et ensuite remis à sec nos continents actuels, ou du moins une grande partie du sol qui les forme aujourd'hui. Elle a laissé encore, dans les pays du Nord, des cadavres de grands quadrupèdes que la glace a saisis, et qui se sont conservés jusqu'à nos jours avec leur peau, leur poil, et leur chair. S'ils n'eussent été gelés aussitôt que tués, la putréfaction les aurait décomposés. Et d'un autre côté, cette gelée éternelle n'occupait pas auparavant les lieux où ils ont été saisis ; car ils n'auraient pas pu vivre sous une pareille température. C'est donc le même instant qui a fait périr les animaux, et qui a rendu glacial le pays qu'ils habitaient. Cet événement a été subit, instantané, sans aucune gradation, et ce qui est si

Preuves que ces révolutions ont été subites.

clairement démontré pour cette dernière catastrophe ne l'est guère moins pour celles qui
l'ont précédée. Les déchirements, les redres-
sements, les renversements des couches plus
anciennes ne laissent pas douter que des causes
subites et violentes ne les aient mises en l'état
où nous les voyons ; et même la force des
mouvements qu'éprouva la masse des eaux est
encore attestée par les amas de débris et de
cailloux roulés qui s'interposent en beaucoup
d'endroits entre les couches solides. La vie a
donc souvent été troublée sur cette terre par
des événements effroyables. Des êtres vivants
sans nombre ont été victimes de ces catastrophes : les uns habitants de la terre sèche se
sont vus engloutis par des déluges ; les autres,
qui peuplaient le sein des eaux, ont été mis
à sec avec le fond des mers subitement re-
levé ; leurs races mêmes ont fini pour jamais,
et ne laissent dans le monde que quelques débris à peine reconnaissables pour le naturaliste.

Telles sont les conséquences où conduisent
nécessairement les objets que nous rencontrons

à chaque pas, que nous pouvons vérifier à chaque instant, presque dans tous les pays. Ces grands et terribles événements sont clairement empreints partout pour l'œil qui sait en lire l'histoire dans leurs monuments.

Mais ce qui étonne davantage encore, et ce qui n'est pas moins certain, c'est que la vie n'a pas toujours existé sur le globe, et qu'il est facile à l'observateur de reconnaître le point où elle a commencé à déposer ses produits.

Élevons-nous encore; avançons vers les grandes crêtes, vers les sommets escarpés des grandes chaînes : bientôt ces débris d'animaux marins, ces innombrables coquilles, deviendront plus rares, et disparaîtront tout-à-fait; nous arriverons à des couches d'une autre nature, qui ne contiendront point de vestiges d'êtres vivants. Cependant elles montreront par leur cristallisation, et par leur stratification même, qu'elles étaient aussi dans un état liquide quand elles se sont formées; par leur situation oblique, par leurs escarpements, qu'elles ont aussi été bouleversées; par la manière dont

Preuves qu'il y a eu des révolutions antérieures à l'existence des êtres vivants.

elles s'enfoncent obliquement sous les couches coquillières, qu'elles ont été formées avant elles ; enfin, par la hauteur dont leurs pics hérissés et nus s'élèvent au-dessus de toutes ces couches coquillières, que ces sommets étaient déjà sortis des eaux quand les couches coquillières se sont formées.

Telles sont ces fameuses montagnes primitives ou primordiales qui traversent nos continents en différentes directions, s'élèvent au-dessus des nuages, séparent les bassins des fleuves, tiennent dans leurs neiges perpétuelles les réservoirs qui en alimentent les sources, et forment en quelque sorte le squelette, et comme la grosse charpente de la terre.

D'une grande distance l'œil aperçoit dans les dentelures dont leur crête est déchirée, dans les pics aigus qui la hérissent, des signes de la manière violente dont elles ont été élevées : bien différentes de ces montagnes arrondies, de ces collines à longues surfaces plates, dont la masse récente est toujours demeurée dans la situation où elle avait été tranquillement déposée par les dernières mers.

Ces signes deviennent plus manifestes à mesure que l'on approche.

Les vallées n'ont plus ces flancs en pente douce, ces angles saillants, et rentrants vis-à-vis l'un de l'autre, qui semblent indiquer les lits de quelques anciens courants : elles s'élargissent et se rétrécissent sans aucune règle; leurs eaux tantôt s'étendent en lacs, tantôt se précipitent en torrents; quelquefois leurs rochers, se rapprochant subitement, forment des digues transversales, d'où ces mêmes eaux tombent en cataractes. Les couches déchirées, en montrant d'un côté leur tranchant à pic, présentent de l'autre obliquement de grandes portions de leur surface : elles ne correspondent point pour leur hauteur; mais celles qui, d'un côté, forment le sommet de l'escarpement, s'enfoncent de l'autre, et ne reparaissent plus.

Cependant, au milieu de tout ce désordre, de grands naturalistes sont parvenus à démontrer qu'il règne encore un certain ordre, et que ces bancs immenses, tout brisés et renversés qu'ils sont, observent entre eux une succession qui est à peu près la même dans toutes les grandes chaînes. Le granit, disent-ils, dont les crêtes centrales de la plupart de ces chaînes sont composées, le granit qui dépasse tout, est aussi la pierre qui s'enfonce sous toutes les autres, c'est la plus ancienne de celles qu'il nous ait été donné de voir dans la place que lui assigna la nature, soit qu'elle doive son origine à un liquide général, qui auparavant aurait tout tenu en dissolution; soit qu'elle ait été la première fixée par le refroidissement d'une grande masse en fusion ou même en évaporation (1). Des roches feuilletées s'appuient sur ses flancs, et forment les crêtes latérales de ces grandes chaînes; des schistes, des porphyres, des grès, des roches

---

(1) La conjecture de M. le marquis de Laplace, que les matériaux dont se compose le globe ont pu être d'abord sous forme élastique, et avoir pris successivement en se refroidissant la consistance liquide, et enfin s'être solidifiés, est bien renforcée par les expériences récentes de M. Mitcherlich, qui a composé de toutes pièces et fait cristalliser par le feu des hauts fourneaux plusieurs des espèces minérales qui entrent dans la composition des montagnes primitives.

talqueuses se mêlent à leurs couches ; enfin des marbres à grains salins, et d'autres calcaires sans coquilles, s'appuyant sur les schistes, forment les crêtes extérieures, les échelons inférieurs, les contre-forts de ces chaînes, et sont le dernier ouvrage par lequel ce liquide inconnu, cette mer sans habitants semblait préparer des matériaux aux mollusques et aux zoophytes, qui bientôt devaient déposer sur ce fonds d'immenses amas de leurs coquilles ou de leurs coraux. On voit même les premiers produits de ces mollusques, de ces zoophytes, se montrant en petit nombre et de distance en distance, parmi les dernières couches de ces terrains primitifs ou dans cette portion de l'écorce du globe que les géologistes ont nommée les terrains de transition. On y rencontre par-ci par-là des couches coquillières interposées entre quelques granits plus récents que les autres, parmi divers schistes, et entre quelques derniers lits de marbres salins ; la vie qui voulait s'emparer de ce globe, semble dans ces premiers temps avoir lutté avec la nature inerte qui dominait auparavant ; ce n'est qu'après un temps assez long qu'elle a pris entièrement le dessus, qu'à elle seule a appartenu le droit de continuer et d'élever l'enveloppe solide de la terre.

Ainsi, on ne peut le nier : les masses qui forment aujourd'hui nos plus hautes montagnes ont été primitivement dans un état liquide; long-temps après leur consolidation elles ont été recouvertes par des eaux qui n'alimentaient point de corps vivants; ce n'est pas seulement après l'apparition de la vie qu'il s'est fait des changements dans la nature des matières qui se déposaient : les masses formées auparavant ont varié, aussi bien que celles qui se sont formées depuis; elles ont éprouvé de même des changements violents dans leur position, et une partie de ces changements avait eu lieu dès le temps où ces masses existaient seules, et n'étaient point recouvertes par les masses coquillières : on en a la preuve par les renversements, par les déchirements, par les fissures qui s'observent dans leurs couches, aussi bien que dans celles des terrains postérieurs, qui même y sont en plus grand nombre, et plus marqués.

Mais ces masses primitives ont encore éprou-

vé d'autres révolutions depuis la formation des
terrains secondaires, et ont peut-être occasioné
ou du moins partagé quelques-unes de celles
que ces terrains eux-mêmes ont éprouvées. Il y
a en effet des portions considérables de terrains
primitifs à nu, quoique dans une situation plus
basse que beaucoup de terrains secondaires;
comment ceux-ci ne les auraient-ils pas recouvertes, si elles ne se fussent montrées depuis
qu'ils se sont formés? On trouve des blocs nombreux et volumineux de substances primitives,
répandus en certains pays à la surface de terrains
secondaires, séparés par des vallées profondes
ou même par des bras de mer, des pics ou des
crêtes d'où ces blocs peuvent être venus : il faut
ou que des éruptions les y aient lancés, ou que
les profondeurs qui eussent arrêté leur cours
n'existassent pas à l'époque de leur transport,
ou bien enfin que les mouvements des eaux qui
les ont transportés passassent en violence tout
ce que nous pouvons imaginer aujourd'hui (1).

----

(1) Les Voyages de Saussure et de Deluc présentent
une foule de ces sortes de faits; et ce sont ces géologistes

Voilà donc un ensemble de faits, une suite d'époques antérieures au temps présent, dont la succession peut se vérifier sans incertitude, quoique la durée de leurs intervalles ne puisse se définir avec précision; ce sont autant de

---

qui ont jugé qu'ils ne pouvaient guère avoir été produits que par d'énormes éruptions. MM. de Buch et Escher s'en sont occupés plus récemment. Le Mémoire de ce dernier, inséré dans la Nouvelle Alpina de Stein–Müller, tome Ier, en présente surtout l'ensemble d'une manière remarquable, dont voici à peu près le résumé : Ceux de ces blocs qui sont épars dans les parties basses de la Suisse ou de la Lombardie viennent des Alpes, et sont descendus le long de leurs vallées. Il y en a partout, et de toute grandeur, jusqu'à celle de cinquante mille pieds cubes, dans la grande étendue qui sépare les Alpes du Jura, et il s'en élève sur les pentes du Jura qui regardent les Alpes jusqu'à des hauteurs de quatre mille pieds au-dessus du niveau de la mer; ils sont à la surface ou dans les couches superficielles de débris, mais non dans celles de grès, de molasses ou de poudingues qui remplissent presque partout l'intervalle en question : on les trouve tantôt isolés, tantôt en amas : la hauteur de leur situation est indépendante de leur grosseur : les petits seulement paraissent quelquefois un peu usés : les grands

points qui servent de règle et de direction à
cette antique chronologie.

Examinons maintenant ce qui se passe aujourd'hui sur le globe; analysons les causes qui

Examen des
causes qui agis-
sent encore au-
jourd'hui à la
surface du glo-
be.

ne le sont point du tout. Ceux qui appartiennent au bassin de chaque rivière se sont trouvés, à l'examen, de la
même nature que les montagnes des sommets ou des flancs
des hautes vallées d'où naissent les affluents de cette rivière : on en voit déjà dans ces vallées, et ils y sont
surtout accumulés aux endroits qui précèdent quelques
rétrécissements : il en a passé par-dessus les cols lorsqu'ils n'avaient pas plus de quatre mille pieds; et alors
on en voit sur les revers des crêtes dans les cantons d'entre les Alpes et le Jura, et sur le Jura même : c'est vis-
à-vis les débouchés des vallées des Alpes que l'on en voit
le plus et de plus élevés : ceux des intervalles se sont
portés moins haut : dans les chaînes du Jura, plus éloignées des Alpes, il ne s'en trouve qu'aux endroits placés
vis-à-vis des ouvertures des chaînes plus rapprochées.

De ces faits, l'auteur tire cette conclusion, que le transport de ces blocs a eu lieu depuis que les grès et les poudingues ont été déposés; qu'il a été occasioné peut-être
par la dernière des révolutions du globe. Il compare ce
transport à ce qui a encore lieu de la part des torrents;

agissent encore à sa surface, et déterminons l'é-
tendue possible de leurs effets. C'est une partie
de l'histoire de la terre d'autant plus importante,
que l'on a cru long-temps pouvoir expliquer,
par ces causes actuelles, les révolutions antérieures, comme on explique aisément dans l'histoire politique les événements passés, quand on
connaît bien les passions et les intrigues de nos
jours. Mais nous allons voir que malheureusement il n'en est pas ainsi dans l'histoire physique : le fil des opérations est rompu; la marche de la nature est changée; et aucun des
agents qu'elle emploie aujourd'hui ne lui aurait
suffi pour produire ses anciens ouvrages.

Il existe maintenant quatre causes actives qui
contribuent à altérer la surface de nos continents : les pluies et les dégels qui dégradent les
montagnes escarpées, et en jettent les débris à
leurs pieds; les eaux courantes qui entraînent

---

mais l'objection de la grandeur des blocs et celle des vallées profondes par-dessus lesquelles ils ont dû passer,
nous paraissent conserver une grande force contre cette
partie de son hypothèse.

ces débris, et vont les déposer dans les lieux où leur cours se ralentit; la mer qui sape le pied des côtes élevées, pour y former des falaises, et qui rejette sur les côtes basses des monticules de sables; enfin les volcans qui percent les couches solides, et élèvent ou répandent à la surface les amas de leurs déjections (1).

Partout où les couches brisées offrent leurs Éboulements. tranchants sur des faces abruptes, il tombe à leur pied, à chaque printemps, et même à chaque orage, des fragments de leurs matériaux, qui s'arrondissent en roulant les uns sur les autres, et dont l'amas prend une inclinaison déterminée par les lois de la cohésion, pour former ainsi au pied de l'escarpement une croupe plus ou moins élevée, selon que les chutes de débris

(1) Voyez, sur les changements de la surface de la terre, connus par l'histoire ou par la tradition, et dus par conséquent aux causes actuellement agissantes, l'ouvrage allemand de M. de Hof, en 2 vol. in-8°. Goth. 1822 et 1824. Les faits y sont recueillis avec autant de soin que d'érudition.

sont plus ou moins abondantes; ces croupes forment les flancs des vallées dans toutes les hautes montagnes, et se couvrent d'une riche végétation quand les éboulements supérieurs commencent à devenir moins fréquents, mais leur défaut de solidité les rend sujettes à s'ébouler elles-mêmes quand elles sont minées par les ruisseaux; et c'est alors que des villes, que des cantons riches et peuplés se trouvent ensevelis sous la chute d'une montagne; que le cours des rivières est intercepté; qu'il se forme des lacs dans des lieux auparavant fertiles et riants. Mais ces grandes chutes heureusement sont rares, et la principale influence de ces collines de débris, c'est de fournir des matériaux pour les ravages des torrents.

Alluvions.   Les eaux qui tombent sur les crêtes et les sommets des montagnes, ou les vapeurs qui s'y condensent, ou les neiges qui s'y liquéfient, descendent par une infinité de filets le long de leurs pentes; elles en enlèvent quelques parcelles, et y tracent par leur passage des sillons légers. Bientôt ces filets se réunissent dans les

creux plus marqués dont la surface des montagnes est labourée ; ils s'écoulent par les vallées
profondes qui en entament le pied, et vont former ainsi les rivières et les fleuves qui repor-
tent à la mer les eaux que la mer avait données
à l'atmosphère. A la fonte des neiges, ou lorsqu'il survient un orage, le volume de ces eaux
des montagnes, subitement augmenté, se précipite avec une vitesse proportionnée aux pentes ; elles vont heurter avec violence le pied de
ces croupes de débris qui couvrent les flancs de
toutes les hautes vallées ; elles entraînent avec
elles les fragments déjà arrondis qui les composent ; elles les émoussent, les polissent encore
par le frottement ; mais à mesure qu'elles arrivent à des vallées plus unies où leur chute di-
minue, ou dans des bassins plus larges où il leur
est permis de s'épandre, elles jettent sur la plage
les plus grosses de ces pierres qu'elles roulaient ;
les débris plus petits sont déposés plus bas ; et
il n'arrive guère au grand canal de la rivière
que les parcelles les plus menues, ou le limon
le plus imperceptible. Souvent même le cours
de ces eaux, avant de former le grand fleuve

inférieur, est obligé de traverser un lac vaste et
profond, où leur limon se dépose, et d'où elles
ressortent limpides. Mais les fleuves inférieurs,
et tous les ruisseaux qui naissent des montagnes
plus basses, ou des collines, produisent aussi,
dans les terrains qu'ils parcourent, des effets
plus ou moins analogues à ceux des torrents des
hautes montagnes. Lorsqu'ils sont gonflés par
de grandes pluies, ils attaquent le pied des collines terreuses ou sableuses qu'ils rencontrent
dans leur cours, et en portent les débris sur les
terrains bas qu'ils inondent, et que chaque
inondation élève d'une quantité quelconque :
enfin, lorsque les fleuves arrivent aux grands
lacs ou à la mer, et que cette rapidité qui en-
traînait les parcelles de limon vient à cesser
tout-à-fait, ces parcelles se déposent aux côtés
de l'embouchure ; elles finissent par y former
des terrains qui prolongent la côte ; et, si cette
côte est telle que la mer y jette de son côté du
sable, et contribue à cet accroissement, il se
crée ainsi des provinces, des royaumes entiers, ordinairement les plus fertiles, et bientôt les plus riches du monde, si les gouver-

nements laissent l'industrie s'y exercer en paix.

Les effets que la mer produit sans le concours des fleuves sont beaucoup moins heureux. Lorsque la côte est basse et le fond sablonneux, les vagues poussent ce sable vers le bord ; à chaque reflux il s'en dessèche un peu, et le vent qui souffle presque toujours de la mer en jette sur la plage. Ainsi se forment les dunes, ces monticules sablonneux qui, si l'industrie de l'homme ne parvient à les fixer par des végétaux convenables, marchent lentement, mais invariablement, vers l'intérieur des terres, et y couvrent les champs et les habitations, parce que le même vent qui élève le sable du rivage sur la dune jette celui du sommet de la dune à son revers opposé à la mer : que si la nature du sable et celle de l'eau qui s'élève avec lui sont telles qu'il puisse s'en former un ciment durable, les coquilles, les os jetés sur le rivage en seront incrustés ; les bois, les troncs d'arbres, les plantes qui croissent près de la mer seront saisis dans ces agrégats ; et ainsi naîtront ce que l'on pourra appeler des dunes durcies, comme on

3

en voit sur les côtes de la Nouvelle-Hollande. On peut en prendre une idée nette dans la description qu'en a laissée feu Péron (1).

Quand, au contraire, la côte est élevée, la mer, qui n'y peut rien rejeter, y exerce une action destructive : ses vagues en rongent le pied et en escarpent toute la hauteur en falaise, parce que les parties plus hautes se trouvant sans appui tombent sans cesse dans l'eau : elles y sont agitées dans les flots jusqu'à ce que les parcelles les plus molles et les plus déliées disparaissent. Les portions plus dures, à force d'être roulées en sens contraires par les vagues, forment ces galets arrondis, ou cette grève qui finit par s'accumuler assez pour servir de rempart au pied de la falaise.

Telle est l'action des eaux sur la terre ferme ; et l'on voit qu'elle ne consiste presque qu'en nivellements, et en nivellements qui ne sont pas indéfinis. Les débris des grandes crêtes charriés dans les vallons ; leurs particules,

_____

(1) Dans son Voyage aux Terres Australes, t. 1, p. 161.

celles des collines et des plaines, portées jusqu'à la mer; des alluvions étendant les côtes aux dépens des hauteurs, sont des effets bornés auxquels la végétation met en général un terme, qui supposent d'ailleurs la préexistence des montagnes, celle des vallées, celle des plaines, en un mot toutes les inégalités du globe, et qui ne peuvent par conséquent avoir donné naissance à ces inégalités. Les dunes sont un phénomène plus limité encore, et pour la hauteur et pour l'étendue horizontale; elles n'ont point de rapport avec ces énormes masses dont la géologie cherche l'origine.

Quant à l'action que les eaux exercent dans leur propre sein, quoiqu'on ne puisse la connaître aussi bien, il est possible cependant d'en déterminer jusqu'à un certain point les limites.

Les lacs, les étangs, les marais, les ports de mer où il tombe des ruisseaux, surtout quand ceux-ci descendent des coteaux voisins et escarpés, déposent sur leur fond des amas de limon qui finiraient par les combler si l'on ne prenait le soin de les nettoyer. La mer jette également dans les ports, dans les anses, dans

Dépôts sous les eaux.

tous les lieux où ses eaux sont plus tranquilles
des vases et des sédiments. Les courants amas-
sent entre eux ou jettent sur leurs côtés le sable
qu'ils arrachent au fond de la mer, et en composent des bancs et des bas-fonds.

Stalactites.   Certaines eaux, après avoir dissous des substances calcaires au moyen de l'acide carboni-
que surabondant dont elles sont imprégnées,
les laissent cristalliser quand cet acide peut
s'évaporer, et en forment des stalactites et
d'autres concrétions. Il existe des couches cristallisées confusément dans l'eau douce, assez
étendues pour être comparables à quelques-
unes de celles qu'a laissées l'ancienne mer.
Tout le monde connaît les fameuses carrières
de travertin des environs de Rome, et les roches de cette pierre que la rivière du Teverone
accroît et fait sans cesse varier en figure. Ces
deux sortes d'actions peuvent se combiner; les
dépôts accumulés par la mer peuvent être solidifiés par de la stalactite : lorsque, par hasard,
des sources abondantes en matière calcaire, ou contenant quelque autre substance

en dissolution, viennent à tomber dans les lieux où ces amas se sont formés, il se montre alors des agrégats où les produits de la mer et ceux de l'eau douce peuvent être réunis. Tels sont les bancs de la Guadeloupe, qui offrent à la fois des coquilles de mer et de terre, et des squelettes humains. Telle est encore cette carrière d'auprès de Messine, décrite par de Saussure, et où le grès se reforme par les sables que la mer y jette, et qui s'y consolident.

Dans la zone torride, où les lithophytes sont nombreux en espèces et se propagent avec une grande force, leurs troncs pierreux s'entrelacent en rochers, en récifs, et, s'élevant jusqu'à fleur d'eau, ferment l'entrée des ports, tendent des piéges terribles aux navigateurs. La mer, jetant des sables et du limon sur le haut de ces écueils, en élève quelquefois la surface au-dessus de son propre niveau, et en forme des îles plates qu'une riche végétation vient bientôt vivifier (1).

Lithophytes.

_____

(1) Voyez les Observations faites dans la mer du Sud,

Incrustation.   Il est possible aussi que dans quelques endroits les animaux à coquillages laissent en mourant leurs dépouilles pierreuses, et que, liées par des vases plus ou moins concrètes, ou par d'autres ciments, elles forment des dépôts étendus ou des espèces de bancs coquilliers ; mais nous n'avons aucune preuve que la mer puisse aujourd'hui incruster ces coquilles d'une pâte aussi compacte que les marbres, que les grès, ni même que le calcaire grossier dont nous voyons les coquilles de nos couches enveloppées. Encore moins trouvons-nous qu'elle précipite nulle part de ces couches plus solides, plus siliceuses qui ont précédé la formation des bancs coquilliers.

Enfin toutes ces causes réunies ne changeraient pas d'une quantité appréciable le niveau de la mer, ne relèveraient pas une seule couche au-dessus de ce niveau, et surtout ne pro-

---

par R. Forster. Quelques-uns pensent que ces îles de corail ont toujours un noyau d'une autre nature qui forme la plus grande masse de leur base.

duiraient pas le moindre monticule à la surface de la terre.

On a bien soutenu que la mer éprouve une diminution générale, et que l'on en a fait l'observation dans quelques lieux des bords de la Baltique (1). En d'autres endroits, comme l'Écosse et divers points de la Méditerranée, on croit avoir aperçu, au contraire, que la mer s'élève, et qu'elle y couvre aujourd'hui des plages autrefois supérieures à son niveau (2). Mais quelles que soient les causes de ces appa-

---

(1) C'est une opinion commune en Suède, que la mer s'abaisse, et que l'on passe à gué ou à pied sec dans beaucoup d'endroits où cela n'était pas possible autrefois. Des hommes très-savants ont partagé cette opinion du peuple; et M. de Buch l'adopte tellement, qu'il va jusqu'à supposer que le sol de toute la Suède s'élève petit à petit. Mais il est singulier que l'on n'ait pas fait ou du moins publié des observations suivies et précises propres à constater un fait mis en avant depuis si long-temps, et qui ne laisserait lieu à aucun doute si, comme le dit Linnæus, cette différence de niveau allait à quatre et cinq pieds par an.

(2) M. Robert Stevenson, dans ses Observations sur le

rences, il est certain qu'elles n'ont rien de général; que dans le plus grand nombre des ports où l'on a tant d'intérêt à observer la hauteur de la mer, et où des ouvrages fixes et anciens donnent tant de moyens d'en mesurer les variations, son niveau moyen est constant; il n'y a point d'abaissement universel; il n'y a point d'empiétement général.

Volcans. L'action des volcans est plus bornée, plus locale encore que toutes celles dont nous venons de parler. Quoique nous n'ayons aucune idée nette des moyens par lesquels la nature

lit de la mer du Nord et de la Manche, soutient que le niveau de ces mers s'est élevé continuellement et très-sensiblement depuis trois siècles. Fortis dit la même chose de quelques lieux de la mer Adriatique; mais l'exemple du temple de Sérapis, près de Pouzzoles, prouve que les bords de cette mer sont en plusieurs endroits de nature à pouvoir s'élever et s'abaisser localement. On a en revanche des milliers de quais, de chemins, et d'autres constructions faites le long de la mer par les Romains, depuis Alexandrie jusqu'en Belgique, et dont le niveau relatif n'a pas varié.

entretient à de si grandes profondeurs ces violents foyers, nous jugeons clairement par leurs
effets des changements qu'ils peuvent avoir
produits à la surface du globe. Lorsqu'un vol-
can se déclare, après quelques secousses, quelques tremblements de terre, il se fait une ouverture. Des pierres, des cendres sont lancées
au loin ; des laves sont vomies ; leur partie la
plus fluide s'écoule en longues traînées ; celle
qui l'est moins s'arrête aux bords de l'ouverture, en élève le contour, y forme un cône terminé par un cratère. Ainsi les volcans accumulent sur la surface, après les avoir modifiées,
des matières auparavant ensevelies dans la profondeur ; ils forment des montagnes ; ils en ont
couvert autrefois quelques parties de nos continents ; ils ont fait naître subitement des îles
au milieu des mers ; mais c'était toujours de
laves que ces montagnes, ces îles étaient composées ; tous leurs matériaux avaient subi l'action du feu : ils sont disposés comme doivent
l'être des matières qui ont coulé d'un point
élevé. Les volcans n'élèvent donc ni ne cul-
butent les couches que traverse leur soupirail :

et si quelques causes agissant de ces profondeurs ont contribué dans certains cas à soulever de grandes montagnes, ce ne sont pas des agents volcaniques tels qu'il en existe de nos jours.

Ainsi, nous le répétons, c'est en vain que l'on cherche, dans les forces qui agissent maintenant à la surface de la terre, des causes suffisantes pour produire les révolutions et les catastrophes dont son enveloppe nous montre les traces ; et, si l'on veut recourir aux forces extérieures constantes connues jusqu'à présent, l'on n'y trouve pas plus de ressources.

Causes astronomiques constantes.

Le pôle de la terre se meut dans un cercle autour du pôle de l'écliptique ; son axe s'incline plus ou moins sur le plan de cette même écliptique ; mais ces deux mouvements, dont les causes sont aujourd'hui appréciées, s'exécutent dans des directions et des limites connues, et qui n'ont nulle proportion avec des effets tels que ceux dont nous venons de constater la grandeur. Dans tous les cas, leur lenteur excessive empêcherait qu'ils ne pussent expliquer des

catastrophes que nous venons de prouver avoir
été subites.

Ce dernier raisonnement s'applique à toutes
les actions lentes que l'on a imaginées, sans
doute dans l'espoir qu'on ne pourrait en nier
l'existence, parce qu'il serait toujours facile de
soutenir que leur lenteur même les rend im-
perceptibles. Vraies ou non, peu importe ; elles
n'expliquent rien, puisque aucune cause lente
ne peut avoir produit des effets subits. Y eût-il
donc une diminution graduelle des eaux, la mer
transportât-elle, dans tous les sens des matières
solides, la température du globe diminuât ou
augmentât-elle, ce n'est rien de tout cela qui a
renversé nos couches, qui a revêtu de glace de
grands quadrupèdes avec leur chair et leur
peau, qui a mis à sec des coquillages aujour-
d'hui encore aussi bien conservés que si on les
eût pêchés vivants, qui a détruit enfin des espèces et des genres entiers.

Ces arguments ont frappé le plus grand nombre des naturalistes, et, parmi ceux qui ont
cherché à expliquer l'état actuel du globe, il
n'en est presque aucun qui l'ait attribué en en-

tier à des causes lentes, encore moins à des causes agissant sous nos yeux. Cette nécessité où ils se sont vus de chercher des causes différentes de celles que nous voyons agir aujourd'hui, est même ce qui leur a fait imaginer tant de suppositions extraordinaires, et les a fait errer et se perdre en tant de sens contraires, que le nom même de leur science, ainsi que je l'ai dit ailleurs, a été long-temps un sujet de moquerie (1) pour quelques personnes prévenues qui ne voyaient que les systèmes qu'elle a fait éclore, et qui oubliaient la longue et importante série des faits certains qu'elle a fait connaître.

Anciens systèmes des géologistes.

Pendant long-temps on n'admit que deux événements, que deux époques de mutations sur le globe : la création et le déluge ; et tous

_____

(1) Lorsque j'ai dit cela, j'ai énoncé un fait dont on est chaque jour témoin ; mais je n'ai pas prétendu exprimer ma propre opinion, comme des géologistes estimables ont paru le croire. Si quelque équivoque dans ma phrase a été la cause de leur erreur, je leur en fais ici mes excuses.

les efforts des géologistes tendirent à expliquer l'état actuel, en imaginant un certain état primitif, modifié ensuite par le déluge, dont chacun imaginait aussi à sa manière les causes, l'action et les effets.

Ainsi, selon l'un (1), la terre avait reçu d'abord une croûte égale et légère qui recouvrait l'abîme des mers, et qui se creva pour produire le déluge : ses débris formèrent les montagnes. Selon l'autre (2), le déluge fut occasioné par une suspension momentanée de la cohésion dans les minéraux : toute la masse du globe fut dissoute, et la pâte en fut pénétrée par les coquilles. Selon un troisième (3), Dieu souleva les montagnes pour faire écouler les eaux qui avaient produit le déluge, et les prit dans les endroits où il y avait le plus de pierres, parce qu'autrement elles n'auraient pu se soutenir. Un quatriè-

---

(1) Burnet. Telluris Theoria sacra. Lond. 1681.

(2) Woodward. Essay.towards the natural history of the Earth. Lond. 1702.

(3) Scheuchzer. Mém. de l'Acad. 1708.

me (1) créa la terre avec l'atmosphère d'une comète, et la fit inonder par la queue d'une autre :
la chaleur qui lui restait de sa première origine
fut ce qui excita tous les êtres vivants au péché ;
aussi furent-ils tous noyés, excepté les poissons,
qui avaient apparemment les passions moins
vives.

On voit que, tout en se retranchant dans les
limites fixées par la Genèse, les naturalistes se
donnaient encore une carrière assez vaste : ils
se trouvèrent bientôt à l'étroit; et, quand ils
eurent réussi à faire envisager les six jours de
la création comme autant de périodes indéfinies,
les siècles ne leur coûtant plus rien, leurs systèmes prirent un essor proportionné aux espaces
dont ils purent disposer.

Le grand Leibnitz lui-même s'amusa à faire,
comme Descartes, de la terre un soleil éteint (2),
un globe vitrifié, sur lequel les vapeurs, étant
retombées lors de son refroidissement, formè-

---

(1) Whiston. A New Theory of the Earth. Lond. 1708.
(2) Leibnitz. Protogæa. Act. Lips. 1683; Gott. 1749.

rent des mers qui déposèrent ensuite les terrains calcaires.

Demaillet couvrit le globe entier d'eau pendant des milliers d'années; il fit retirer les eaux graduellement; tous les animaux terrestres avaient d'abord été marins; l'homme lui-même avait commencé par être poisson; et l'auteur assure qu'il n'est pas rare de rencontrer dans l'Océan des poissons qui ne sont encore devenus hommes qu'à moitié, mais dont la race le deviendra tout-à-fait quelque jour (1).

Le système de Buffon n'est guère qu'un développement de celui de Leibnitz, avec l'addition seulement d'une comète qui a fait sortir du soleil, par un choc violent, la masse liquéfiée de la terre, en même temps que celle de toutes les planètes; d'où il résulte des dates positives : car, par la température actuelle de la terre, on peut savoir depuis combien de temps elle se refroidit; et, puisque les autres planètes sont sorties du soleil en même temps qu'elle, on peut cal-

(1) Telliamed. Amsterd. 1748.

culer combien les grandes ont encore de siècles à refroidir, et jusqu'à quel point les petites
sont déjà glacées (1).

Systèmes plus nouveaux.

De nos jours, des esprits plus libres que jamais ont aussi voulu s'exercer sur ce grand
sujet. Quelques écrivains ont reproduit et pro-
digieusement étendu les idées de Demaillet :
ils disent que tout fut liquide dans l'origine;
que le liquide engendra des animaux d'abord
très-simples, tels que des monades ou autres
espèces infusoires et microscopiques; que, par
suite des temps, et en prenant des habitudes
diverses, les races animales se compliquèrent
et se diversifièrent au point où nous les voyons
aujourd'hui. Ce sont toutes ces races d'animaux qui ont converti par degrés l'eau de la
mer en terre calcaire; les végétaux, sur l'origine et les métamorphoses desquels on ne nous
dit rien, ont converti de leur côté cette eau
en argile; mais ces deux terres, à force d'être

(1) Théorie de la Terre, 1749; et Époques de la nature, 1775.

dépouillées des caractères que la vie leur avait imprimés, se résolvent, en dernière analyse, en silice; et voilà pourquoi les plus anciennes montagnes sont plus siliceuses que les autres. Toutes les parties solides de la terre doivent donc leur naissance à la vie, et sans la vie le globe serait encore entièrement liquide (1).

D'autres écrivains ont donné la préférence aux idées de Képler : comme ce grand astronome, ils accordent au globe lui-même les facultés vitales; un fluide, selon eux, y circule; une assimilation s'y fait aussi-bien que dans les corps animés; chacune de ses parties est vivante; il n'est pas jusqu'aux molécules les plus élémentaires qui n'aient un instinct, une volonté; qui ne s'attirent et ne se repoussent

---

(1) Voyez la Physique de Rodig, pag. 106, Leipsig, 1801; et la page 169 du deuxième tome de Telliamed, ainsi qu'une infinité de nouveaux ouvrages allemands. M. de Lamarck est celui qui a développé dans ces derniers temps ce système en France avec le plus de suite dans son Hydrogéologie et dans sa philosophie zoologique.

d'après des antipathies et des sympathies : chaque sorte de minéral peut convertir des masses immenses en sa propre nature, comme nous convertissons nos aliments en chair et en sang; les montagnes sont les organes de la respiration du globe, et les schistes ses organes secrétoires; c'est par ceux-ci qu'il décompose l'eau de la mer pour engendrer les déjections volcaniques; les filons enfin sont des caries, des abcès du règne minéral, et les métaux un produit de pourriture et de maladie : voilà pourquoi ils sentent presque tous mauvais (1).

Plus nouvellement encore, une philosophie qui substitue des métaphores aux raisonnements, partant du système de l'identité absolue ou du panthéisme, fait naître tous les phénomènes ou, ce qui est à ses yeux la même chose, tous les êtres, par polarisation comme les deux électricités, et appelant polarisation toute opposition, toute différence, soit qu'on

---

(1) Feu M. Patrin a mis beaucoup d'esprit à soutenir ces idées fantastiques dans plusieurs articles du Nouveau Dictionnaire d'Histoire naturelle.

la prenne de la situation, de la nature, ou des fonctions, elle voit successivement s'opposer Dieu et le monde; dans le monde le soleil et les planètes; dans chaque planète le solide et le liquide; et poursuivant cette marche, changeant au besoin ses figures et ses allégories, elle arrive jusqu'aux derniers détails des espèces organisées (1).

Il faut convenir cependant que nous avons choisi là des exemples extrêmes, et que tous les géologistes n'ont pas porté la hardiesse des conceptions aussi loin que ceux que nous venons de citer; mais, parmi ceux qui ont procédé avec plus de réserve, et qui n'ont point cherché leurs moyens hors de la physique ou de la chimie ordinaire, combien ne règne-t-il pas encore de diversité et de contradiction!

Chez l'un tout s'est précipité successivement par cristallisation, tout s'est déposé à peu près

Divergences de tous les systèmes.

_____

(1) C'est surtout dans les ouvrages de M. Steffens et de M. Oken qu'il faut voir cette application du panthéisme à la géologie.

comme il l'est encore; mais la mer, qui couvrait tout, s'est retirée par degrés (1).

Chez l'autre, les matériaux des montagnes sont sans cesse dégradés et entraînés par les rivières pour aller au fond des mers se faire échauffer sous une énorme pression, et former des couches que la chaleur qui les durcit relèvera un jour avec violence. (2).

Un troisième suppose le liquide divisé en une multitude de lacs placés en amphithéâtre les uns au-dessus des autres, qui, après avoir déposé nos couches coquillières, ont rompu successivement leurs digues pour aller remplir le bassin de l'Océan (3).

Chez un quatrième, des marées de sept à huit cents toises ont au contraire emporté de temps en temps le fond des mers, et l'ont jeté

---

(1) M. Delamétherie admet la cristallisation comme cause principale dans sa Géologie.

(2) Hutton et Playfair : Illustrations of the Huttonian Theory of the Earth. Edimb. 1802.

(3) Lamanon, en divers endroits du Journal de Physique, d'après Michaëlis et plusieurs autres.

en montagnes et en collines dans les vallées,
ou sur les plaines primitives du continent (1).

Un cinquième fait tomber successivement
du ciel, comme les pierres météoriques, les
divers fragments dont la terre se compose, et
qui portent dans les êtres inconnus dont ils
recèlent les dépouilles l'empreinte de leur origine étrangère (2).

Un sixième fait le globe creux, et y place
un noyau d'aimant qui se transporte, au gré
des comètes, d'un pôle à l'autre, entraînant
avec lui le centre de gravité et la masse des
mers, et noyant ainsi alternativement les deux
hémisphères (3).

Nous pourrions citer encore vingt autres
systèmes tout aussi divergents que ceux-là : et,
que l'on ne s'y trompe pas, notre intention n'est

---

(1) Dolomieu, *ibid.*

(2) MM. de Marschall : Recherches sur l'origine et le
développement de l'ordre actuel du Monde. Giersen,
1802.

(3) M. Bertrand : Renouvellement périodique des
Continents terrestres. Hambourg, 1799.

pas d'en critiquer les auteurs : au contraire, nous reconnaissons que ces idées ont généralement été conçues par des hommes d'esprit et de savoir, qui n'ignoraient point les faits, dont plusieurs même avaient voyagé longtemps dans l'intention de les examiner, et qui en ont procuré de nombreux et d'importants à la science.

Causes de ces divergences. D'où peut donc venir une pareille opposition dans les solutions d'hommes qui partent des mêmes principes pour résoudre le même problème ?

Ne serait-ce point que les conditions du problème n'ont jamais été toutes prises en considération; ce qui l'a fait rester, jusqu'à ce jour, indéterminé et susceptible de plusieurs solutions, toutes également bonnes quand on fait abstraction de telle ou telle condition; toutes également mauvaises, quand une nouvelle condition vient à se faire connaître, ou que l'attention se reporte vers quelque condition connue, mais négligée ?

Nature et conditions du problème. Pour quitter ce langage mathématique, nous dirons que presque tous les auteurs de ces

systèmes, n'ayant eu égard qu'à certaines difficultés qui les frappaient plus que d'autres, se
sont attachés à résoudre celles-là d'une manière
plus ou moins plausible, et en ont laissé de côté
d'aussi nombreuses, d'aussi importantes. Tel
n'a vu, par exemple, que la difficulté de faire
changer le niveau des mers; tel autre, que celle
de faire dissoudre toutes les substances terrestres dans un seul et même liquide; tel autre
enfin, que celle de faire vivre sous la zone glaciale des animaux qu'il croyait de la zone torride. Épuisant sur ces questions les forces de
leur esprit, ils croyaient avoir tout fait en imaginant un moyen quelconque d'y répondre : il
y a plus, en négligeant ainsi tous les autres phénomènes, ils ne songeaient pas même toujours
à déterminer avec précision la mesure et les
limites de ceux qu'ils cherchaient à expliquer.

Cela est vrai surtout pour les terrains secondaires, qui forment cependant la partie la plus
importante et la plus difficile du problème.
Pendant long-temps on ne s'est occupé que bien
faiblement de fixer les superpositions de leurs
couches, et les rapports de ces couches avec

les espèces d'animaux et de plantes dont elles renferment les restes.

Y a-t-il des animaux, des plantes propres à certaines couches, et qui ne se trouvent pas dans les autres? Quelles sont les espèces qui paraissent les premières, ou celles qui viennent après? Ces deux sortes d'espèces s'accompagnent-elles quelquefois? Y a-t-il des alternatives dans leur retour; ou, en d'autres termes, les premières reviennent-elles une seconde fois, et alors les secondes disparaissent-elles? Ces animaux, ces plantes, ont-ils tous vécu dans les lieux où l'on trouve leurs dépouilles, ou bien y en a-t-il qui y aient été transportés d'ailleurs? Vivent-ils encore tous aujourd'hui quelque part, ou bien ont-ils été détruits en tout ou en partie? Y a-t-il un rapport constant entre l'ancienneté des couches et la ressemblance ou la non ressemblance des fossiles avec les êtres vivants? Y en a-t-il un de climat entre les fossiles et ceux des êtres vivants qui leur ressemblent le plus? Peut-on en conclure que les transports de ces êtres, s'il y en a eu, se soient faits du nord au sud, ou de l'est à l'ouest, ou par irradiation et mélange, et peut-on distinguer les époques de ces transports par les couches qui en portent les empreintes?

Que dire sur les causes de l'état actuel du globe, si l'on ne peut répondre à ces questions, si l'on n'a pas encore de motifs suffisants pour choisir entre l'affirmative ou la négative? Or il n'est que trop vrai que pendant long-temps aucun de ces points n'a été mis absolument hors de doute, qu'à peine même semblait-on avoir songé qu'il fût bon de les éclaircir avant de faire un système.

On trouvera la raison de cette singularité, si l'on réfléchit que les géologistes ont tous été, ou des naturalistes de cabinet, qui avaient peu examiné par eux-mêmes la structure des montagnes; ou des minéralogistes qui n'avaient pas étudié avec assez de détail les innombrables variétés des animaux, et la complication infinie de leurs diverses parties. Les premiers n'ont fait que des systèmes; les derniers ont donné d'excellentes observations; ils ont véritablement posé les bases de la science : mais ils n'ont pu en achever l'édifice.

Raison pour laquelle les conditions ont été négligées.

En effet, la partie purement minérale du grand problème de la théorie de la terre a été étudiée avec un soin admirable par de Saussure, et portée depuis à un développement étonnant par Werner, et par les nombreux et savants élèves qu'il a formés.

Le premier de ces hommes célèbres, parcourant péniblement pendant vingt années les cantons les plus inaccessibles, attaquant en quelque sorte les Alpes par toutes leurs faces, par tous leurs défilés, nous a dévoilé tout le désordre des terrains primitifs, et a tracé plus nettement la limite qui les distingue des terrains secondaires. Le second, profitant des nombreuses excavations faites dans le pays qui possède les plus anciennes mines, a fixé les lois de la succession des couches; il a montré leur ancienneté respective, et poursuivi chacune d'elles dans toutes ses métamorphoses. C'est de lui, et de lui seulement, que datera la géologie positive, en ce qui concerne la nature minérale des couches; mais ni Werner ni de Saussure n'ont donné à la détermination des espèces organisées fossiles, dans chaque genre de couche, la rigueur devenue nécessaire, depuis que les animaux connus s'élèvent à un nombre si prodigieux.

D'autres savants étudiaient, à la vérité, les débris fossiles des corps organisés ; ils en recueillaient et en faisaient représenter par milliers ; leurs ouvrages seront des collections précieuses de matériaux ; mais, plus occupés des animaux ou des plantes, considérés comme tels, que de la théorie de la terre, ou regardant ces pétrifications ou ces fossiles comme des curiosités, plutôt que comme des documents historiques, ou bien enfin, se contentant d'explications partielles sur le gisement de chaque morceau, ils ont presque toujours négligé de rechercher les lois générales de position ou de rapport des fossiles avec les couches.

Cependant l'idée de cette recherche était bien naturelle. Comment ne voyait-on pas que c'est aux fossiles seuls qu'est due la naissance de la théorie de la terre ; que, sans eux, l'on n'aurait peut-être jamais songé qu'il y ait eu dans la formation du globe des époques successives, et une série d'opérations différentes ?

Importance des fossiles en géologie.

Eux seuls, en effet, donnent la certitude que le globe n'a pas toujours eu la même enveloppe, par la certitude où l'on est qu'ils ont dû vivre à la surface avant d'être ainsi ensevelis dans la profondeur. Ce n'est que par analogie que l'on a étendu aux terrains primitifs la conclusion que les fossiles fournissent directement pour les terrains secondaires; et, s'il n'y avait que des terrains sans fossiles, personne ne pourrait soutenir que ces terrains n'ont pas été formés tous ensemble.

C'est encore par les fossiles, toute légère qu'est restée leur connaissance, que nous avons reconnu le peu que nous savons sur la nature des révolutions du globe. Ils nous ont appris que les couches qui les recèlent ont été déposées paisiblement dans un liquide; que leurs variations ont correspondu à celles du liquide; que leur mise à nu a été occasionée par le transport de ce liquide; que cette mise à nu a eu lieu plus d'une fois : rien de tout cela ne serait certain sans les fossiles.

L'étude de la partie minérale de la géologie, qui n'est pas moins nécessaire, qui même est pour les arts pratiques d'une utilité beaucoup plus grande, est cependant beaucoup moins instructive par rapport à l'objet dont il s'agit.

Nous sommes dans l'ignorance la plus absolue sur les causes qui ont pu faire varier les substances dont les couches se composent; nous ne connaissons pas même les agents qui ont pu tenir certaines d'entre elles en dissolution; et l'on dispute encore sur plusieurs, si elles doivent leur origine à l'eau ou au feu. Au fond l'on a pu voir ci-devant que l'on n'est d'accord que sur un seul point; savoir, que la mer a changé de place. Et comment le sait-on, si ce n'est par les fossiles?

Les fossiles, qui ont donné naissance à la théorie de la terre, lui ont donc fourni en même temps ses principales lumières, les seules qui jusqu'ici aient été généralement reconnues.

Cette idée est ce qui nous a encouragé à nous en occuper; mais ce champ est immense : un seul homme pourrait à peine en effleurer une faible partie. Il fallait donc faire un choix, et nous le fîmes bientôt. La classe de fossiles qui fait l'objet de cet ouvrage nous attacha dès le premier abord, parce que nous vîmes qu'elle est à la fois plus féconde en conséquences précises, et cependant moins connue, et plus riche en nouveaux sujets de recherches (1).

Importance spéciale des os fossiles de quadrupèdes.

Il est sensible en effet, que les ossements de quadrupèdes peuvent conduire, par plusieurs raisons, à des résultats plus rigoureux qu'aucune autre dépouille de corps organisés.

(1) Mon ouvrage a prouvé en effet à quel point cette matière était encore neuve lorsque je l'ai commencé, malgré les excellents travaux des Camper, des Pallas, des Blumenbach, des Merk, des Sœmmerring, des Rosenmüller, des Fischer, des Faujas, des Home, et des autres savants dont j'ai eu le plus grand soin de citer les ouvrages dans ceux de mes chapitres auxquels ils se rapportent. Mais depuis quelques années les naturalistes ont cultivé ce nouveau champ avec une ardeur qui a été couronnée des plus grands succès. MM. Brocchi, Brongniart, Bukland, Conybeare, Deshayes, Ferussac, de Fischer, Goldfuss, Jœger, Marcel de Serres, Mantell, et bien d'autres savants naturalistes ont montré de plus en plus, par leurs découvertes, l'importance des fossiles en géologie.

Premièrement, ils caractérisent d'une manière plus nette les révolutions qui les ont affectés. Des coquilles annoncent bien que la mer existait où elles se sont formées ; mais leurs changements d'espèces pourraient à la rigueur provenir de changements légers dans la nature du liquide, ou seulement dans sa température. Ils pourraient avoir tenu à des causes encore plus accidentelles. Rien ne nous assure que, dans le fond de la mer, certaines espèces, certains genres même, après avoir occupé plus ou moins long-temps des espaces déterminés, n'aient pu être chassés par d'autres. Ici, au contraire, tout est précis ; l'apparition des os de quadrupèdes, surtout celle de leurs cadavres entiers dans les couches, annonce, ou que la couche même qui les porte était autrefois à sec, ou qu'il s'était au moins formé une terre sèche dans le voisinage. Leur disparition rend certain que cette couche avait été inondée, où que cette terre sèche avait cessé d'exister. C'est donc par eux que nous apprenons, d'une manière assurée, le fait important des irruptions répétées de la mer, dont les coquilles et les autres produits marins à eux seuls ne nous auraient pas instruits ; et c'est par leur étude approfondie que nous pouvons espérer de reconnaître le nombre et les époques de ces irruptions.

Secondement, la nature des révolutions qui ont altéré la surface du globe a dû exercer sur les quadrupèdes terrestres une action plus complète que sur les animaux marins. Comme ces révolutions ont, en grande partie, consisté en déplacements du lit de la mer, et que les eaux devaient détruire tous les quadrupèdes qu'elles atteignaient, si leur irruption a été générale, elle a pu faire périr la classe entière, ou, si elle n'a porté à la fois que sur certains continents, elle a pu anéantir au moins les espèces propres à ces continents, sans avoir la même influence sur les animaux marins. Au contraire, des millions d'individus aquatiques ont pu être laissés à sec, ou ensevelis sous des couches nouvelles, ou jetés avec violence à la côte, et leur race être cependant conservée dans quelques lieux plus paisibles, d'où elle se sera de nouveau propagée après que l'agitation des mers aura cessé.

Troisièmement, cette action plus complète est aussi plus facile à saisir; il est plus aisé d'en démontrer les effets, parce que le nombre des quadrupèdes étant borné, la plupart de leurs espèces, au moins les grandes, étant connues, on a plus de moyens de s'assurer si des os fossiles appartiennent à l'une d'elles, ou s'ils viennent d'une espèce perdue. Comme nous sommes, au contraire, fort loin de connaître tous les coquillages et tous les poissons de la mer; comme nous ignorons probablement encore la plus grande partie de ceux qui vivent dans la profondeur, il est impossible de savoir avec certitude si une espèce que l'on trouve fossile n'existe pas quelque part vivante. Aussi voyons-nous des savants s'opiniâtrer à donner le nom de coquilles pélagiennes, c'est-à-dire de coquilles de la haute mer; aux bélemnites, aux cornes d'ammon, et aux autres dépouilles testacées qui n'ont encore été vues que dans les couches anciennes, voulant dire par là que, si on ne les a point encore découvertes dans l'état de vie, c'est qu'elles habitent à des profondeurs inaccessibles pour nos filets.

5

Sans doute les naturalistes n'ont pas encore traversé tous les continents, et ne connaissent pas même tous les quadrupèdes qui habitent les pays qu'ils ont traversés. On découvre de temps en temps des espèces nouvelles de cette classe ; et ceux qui n'ont pas examiné avec attention toutes les circonstances de ces découvertes pourraient croire aussi que les quadrupèdes inconnus dont on trouve les os dans nos couches sont restés jusqu'à présent cachés dans quelques îles qui n'ont pas été rencontrées par des navigateurs ou dans quelques-uns des vastes déserts qui occupent le milieu de l'Asie, de l'Afrique, des deux Amériques et de la Nouvelle-Hollande.

Il y a peu 'espérance de découvrir de nouvelles espèces de grands quadrupèdes.

Cependant, que l'on examine bien quelles sortes de quadrupèdes l'on a découvertes récemment, et dans quelles circonstances on les a découvertes, et l'on verra qu'il reste peu d'espoir de trouver un jour celles que nous n'avons encore vues que fossiles.

Les îles d'étendue médiocre, et placées loin des grandes terres, ont très-peu de quadrupèdes, la plupart fort petits : quand elles en possèdent de grands, c'est qu'ils y ont été apportés d'ailleurs. Bougainville et Cook n'ont trouvé que des cochons et des chiens dans les îles de la mer du Sud. Les plus grands quadrupèdes des Antilles étaient les agoutis.

A la vérité les grandes terres, comme l'Asie, l'Afrique, les deux Amériques et la Nouvelle-Hollande, ont de grands quadrupèdes, et généralement des espèces propres à chacune d'elles : en sorte que toutes les fois que l'on a découvert de ces terres que leur situation avait tenues isolées du reste du monde, on y a trouvé la classe des quadrupèdes entièrement différente de ce qui existait ailleurs. Ainsi, quand les Espagnols parcoururent pour la première fois l'Amérique méridionale, ils n'y trouvèrent pas un seul des quadrupèdes de l'Europe, de l'Asie, ni de l'Afrique. Le puma, le jaguar, le tapir, le cabiai, le lama, la vigogne, les paresseux, les tatous, les sarigues, tous les sapajous, furent pour eux des êtres entièrement nouveaux, et dont ils n'avaient nulle idée. Le même phénomène s'est renouvelé de nos jours quand on a commencé à examiner les côtes de

la Nouvelle-Hollande et les îles adjacentes. Les
divers kanguroos, les phascolomes, les dasyures, les péramèles, les phalangers volants,
les ornithorinques, les échidnés sont venus
étonner les naturalistes par des conformations
étranges qui rompaient toutes les règles, et
échappaient à tous les systèmes.

Si donc il restait quelque grand continent à
découvrir, on pourrait encore espérer de connaître de nouvelles espèces, parmi lesquelles
il pourrait s'en trouver de plus ou moins semblables à celles dont les entrailles de la terre
nous ont montré les dépouilles; mais il suffit
de jeter un coup d'œil sur la mappemonde, de
voir les innombrables directions selon lesquelles les navigateurs ont sillonné l'Océan,
pour juger qu'il ne doit plus y avoir de grande
terre, à moins qu'elle ne soit vers le pôle aus-
tral, où les glaces n'y laisseraient subsister
aucun reste de vie.

Ainsi ce n'est que de l'intérieur des grandes
parties du monde que l'on peut encore attendre des quadrupèdes inconnus.

Or, avec un peu de réflexion, on verra bientôt que l'attente n'est guère plus fondée de ce côté que de celui des îles.

Sans doute le voyageur européen ne parcourt pas aisément de vastes étendues de pays, désertes, ou nourrissant seulement des peuplades féroces, et cela est surtout vrai à l'égard de l'Afrique : mais rien n'empêche les animaux de parcourir ces contrées en tous sens, et de se rendre vers les côtes. Quand il y aurait entre les côtes et les déserts de l'intérieur de grandes chaînes de montagnes, elles seraient toujours interrompues à quelques endroits pour laisser passer les fleuves ; et, dans ces déserts brûlants, les quadrupèdes suivent de préférence les bords des rivières. Les peuplades des côtes remontent aussi ces rivières, et prennent promptement connaissance, soit par elles-mêmes, soit par le commerce et la tradition des peuplades supérieures, de toutes les espèces remarquables qui vivent jusque vers les sources.

Il n'a donc fallu à aucune époque un temps bien long pour que les nations civilisées qui ont fréquenté les côtes d'un grand pays en

connussent assez bien les animaux considérables, ou frappants par leur configuration.

Les faits connus répondent à ce raisonnement. Quoique les anciens n'aient point passé
l'Imaüs et le Gange, en Asie, et qu'ils n'aient
pas été fort loin, en Afrique, au midi de l'Atlas,
ils ont réellement connu tous les grands animaux de ces deux parties du monde; et, s'ils
n'en ont pas distingué toutes les espèces, ce
n'est point parce qu'ils n'avaient pu les voir,
ou en entendre parler, mais parce que la ressemblance de ces espèces n'avait pas permis
d'en reconnaître les caractères. La seule grande
exception que l'on puisse m'opposer est le tapir de Malacca, récemment envoyé des Indes
par deux jeunes naturalistes de mes élèves,
MM. Duvaucel et Diard, et qui forme en effet
l'une des plus belles découvertes dont l'histoire
naturelle se soit enrichie dans ces derniers
temps.

Les anciens connaissaient très-bien l'éléphant, et l'histoire de ce quadrupède est plus
exacte dans Aristote que dans Buffon.

Ils n'ignoraient même pas une partie des différences qui distinguent les éléphants d'Afrique de ceux d'Asie (1).

Ils connaissaient les rhinocéros à deux cornes que l'Europe moderne n'a point vus vivants. Domitien en montra à Rome, et en fit graver sur des médailles. Pausanias les décrit fort bien.

Le rhinocéros unicorne, tout éloignée qu'est sa patrie, leur était également connu. Pompée en fit voir un à Rome. Strabon en décrivit exactement un autre à Alexandrie (2).

Le rhinocéros de Sumatra décrit par M. Bell, et celui de Java découvert et envoyé par MM. Duvaucel et Diard, ne paraissent point habiter le continent. Ainsi il n'est point étonnant que les anciens les ignorassent : d'ailleurs ils ne les auraient peut-être pas distingués à cause de leur trop grande ressemblance avec les autres espèces.

---

(1) Voyez dans le tome 1er de mes Recherches le chapitre des Éléphants.

(2) Voyez dans le tome 11, première partie, le chapitre des Rhinocéros.

L'hippopotame n'a pas été si bien décrit que les espèces précédentes ; mais on en trouve des figures très-exactes sur les monuments laissés par les Romains, et représentant des choses relatives à l'Égypte, telles que la statue du Nil, la mosaïque de Palestrine, et un grand nombre de médailles. En effet, les Romains en ont vu plusieurs fois ; Scaurus, Auguste, Antonin, Commode, Héliogabale, Philippe et Carin (1) leur en montrèrent.

Les deux espèces de chameaux, celle de Bactriane et celle d'Arabie, sont déjà fort bien décrites et caractérisées par Aristote (2).

Les anciens ont connu la girafe, ou chameau-léopard ; on en a même vu une vivante à Rome, dans le cirque, sous la dictature de Jules César, l'an de Rome 708 ; il y en avait eu dix de rassemblées par Gordien III, qui furent tuées aux jeux séculaires de Philippe (3), ce qui doit

---

(1) Voyez mon chapitre de l'Hippopotame dans le tome 1er des Recherches.

(2) Hist. anim., lib. II, cap. I.

(3) Jul. Capitol., Gord. III, cap. 23.

étonner nos modernes qui n'en ont vu qu'une dans le treizième et une dans le quinzième siècle (1), et qui ont si fort admiré celle que la France a reçue du pacha d'Égypte, et qui vit aujourd'hui au Jardin du Roi.

Si on lit avec attention les descriptions de l'hippopotame, données par Hérodote et par Aristote, et que l'on croit empruntées d'Hécatée de Milet, on trouvera qu'elles doivent avoir été composées avec celles de deux animaux différents, dont l'un était peut-être le véritable hippopotame, et dont l'autre était certainement le gnou (*Antilope gnu*, Gmel.), ce quadrupède dont nos naturalistes n'ont entendu parler qu'à la fin du dix-huitième siècle. C'était le même animal dont on avait des relations fabuleuses sous le nom de *catoblepas* ou de *catablepon* (2).

---

(1) Celle que posséda l'empereur Frédéric II, et celle que le soudan d'Égypte envoya à Laurent de Médicis, et qui est peinte dans les fresques de Poggio-Cajano.

(2) Voyez Pline, lib. VIII, cap. 32; et surtout Ælien, lib. VII, cap. 5.

Le sanglier d'Éthiopie d'Agatharchides, qui avait des cornes, était bien notre sanglier d'Éthiopie d'aujourd'hui, dont les énormes défenses méritent presque autant le nom de cornes que les défenses de l'éléphant (1).

Le bubale, le nagor sont décrits par Pline (2); la gazelle, par Élien (3); l'oryx, par Oppien (4); l'axis l'était dès le temps de Ctésias (5); l'algazel et la corine sont parfaitement représentés sur les monuments égyptiens (6).

Élien décrit bien le yak, ou *bos grunniens*, sous le nom de bœuf dont la queue sert à faire des chasse-mouches (7).

Le buffle n'a pas été domestique chez les anciens; mais le bœuf des Indes, dont parle

---

(1) Ælian., Anim., v, 27.

(2) Pline, lib. VIII, cap. 15, et lib. XI, cap. 37.

(3) Ælian., Anim., XIV, 14.

(4) Opp., Cyneg., II, v. 445 et suiv.

(5) Pline, lib. VIII, cap. 21.

(6) Voyez le grand ouvrage sur l'Égypte, Antiq., IV, pl. 49 et pl. 66.

(7) Ælian., Anim., xv, 14.

Élien (1), et qui avait des cornes assez grandes
pour tenir trois amphores, était bien la variété
du buffle appelée *arni*.

Et même ce bœuf sauvage à cornes dépri-
mées, qu'Aristote place dans l'Arachosie (2),
ne peut être que le buffle ordinaire.

Les anciens ont connu les bœufs sans cornes (3); les bœufs d'Afrique, dont les cornes
attachées seulement à la peau se remuaient
avec elle (4); les bœufs des Indes, aussi rapides
à la course que des chevaux (5); ceux qui ne
surpassent pas un bouc en grandeur (6); les
moutons à large queue (7); ceux des Indes,
grands comme des ânes (8).

Toutes mêlées de fables que sont les indica-

---

(1) Ælian., Anim., III, 34.
(2) Arist., Hist. an., lib. II, cap. 5.
(3) Ælian, II, 53.
(4) *Idem*, II, 20.
(5) *Idem*, XV, 24.
(6) *Idem*, *ibid.*
(7) *Idem*, Anim., III, 3.
(8) *Idem*, IV, 32.

tions données par les anciens sur l'aurochs, sur le renne, et sur l'élan, elles prouvent toujours qu'ils en avaient quelque connaissance ; mais que cette connaissance, fondée sur le rapport de peuples grossiers, n'avait point été soumise à une critique judicieuse (1).

Ces animaux habitent toujours les pays que les anciens leur assignent, et n'ont disparu que dans les contrées trop cultivées pour leurs habitudes ; l'aurochs, l'élan, vivent encore dans les forêts de la Lithuanie qui se continuaient autrefois avec la forêt Hercynienne. Il y a des aurochs au nord de la Grèce comme du temps de Pausanias. Le renne vit dans le nord, dans les pays glacés où il a toujours vécu ; il y change de couleur, non pas à volonté comme le croyaient les Grecs, mais suivant les saisons. C'est par suite de méprises à peine excusables qu'on a supposé qu'il s'en trouvait au quatorzième siècle dans les Pyrénées (2).

---

(1) Voyez dans mes Recherches, tome IV, le chapitre des Cerfs et celui des Bœufs.

(2) Buffon ayant lu dans Du Fouilloux un passage

L'ours blanc a été vu même en Égypte sous les Ptolomées (1).

Les lions, les panthères, étaient communs à Rome dans les jeux : on les y voyait par centaines ; on y a vu même quelques tigres ; l'hyène rayée, le crocodile du Nil y ont paru. Il y a dans les mosaïques antiques, conservées à Rome, d'excellents portraits des plus rares de ces espèces ; on voit entre autres l'hyène rayée, parfaitement représentée dans un morceau conservé au Muséum du Vatican ; et, pendant que j'étais à Rome (en 1809), on découvrit, dans un jardin du côté de l'arc de Ga-

tronqué de Gaston-Phébus, comte de Foix, où ce prince décrit la chasse du renne, avait imaginé qu'au temps de Gaston cet animal vivait dans les Pyrénées ; et les éditions imprimées de Gaston étaient si fautives, qu'il était difficile de savoir au juste ce que cet auteur avait voulu dire ; mais ayant recouru à son manuscrit original, qui est conservé à la Bibliothèque du Roi, j'ai constaté que c'était en *Xueden* et en *Nourvègue* (en Suède et en Norvége) qu'il disait avoir vu et chassé des rennes.

(1) Athénée, lib. v.

lien, un pavé en mosaïque de pierres naturelles assorties à la manière de Florence, représentant quatre tigres de Bengale supérieurement rendus. Il a été depuis divisé et placé dans les salons de l'hôtel de M. Torlonia, duc de Bracciano.

Le Muséum du Vatican possède un crocodile en basalte, d'une exactitude presque parfaite (1). On ne peut guère douter que l'*hippotigre* ne fût le zèbre, qui ne vient cependant que des parties méridionales de l'Afrique (2).

Il serait facile de montrer que presque toutes les espèces un peu remarquables de singes ont été assez distinctement indiquées par les anciens sous les noms de pithèques, de sphinx, de satyres, de cébus, de cynocéphales, de cercopithèques (3).

---

(1) Il n'y a d'erreur qu'un ongle de trop au pied de derrière. Auguste en avait montré trente-six. Dion, lib. LV.

(2) Caracalla en tua un dans le cirque. Dion, lib. LXXVII. Conf. Gisb. Cuperi de Eleph. in nummis obviis, ex. II, cap. 7.

(3) Voyez Lichtenstein : Comment. de Simiarum quotquot veteribus innotuerunt formis. Hamburg. 1791. Et en

Ils ont connu et décrit jusqu'à d'assez petites espèces de rongeurs, quand elles avaient quelque conformation ou quelque propriété notable (1). Mais les petites espèces ne nous importent point relativement à notre objet, et il nous suffit d'avoir montré que toutes les grandes espèces remarquables par quelque caractère frappant, que nous connaissons aujourd'hui en Europe, en Asie et en Afrique, étaient déjà connues des anciens, d'où nous pouvons aisément conclure que s'ils ne font pas mention des petites, ou s'ils ne distinguent point celles qui se ressemblent trop, comme les diverses gazelles et autres, ils en ont été empêchés par le défaut d'attention et de méthode, plutôt que par les obstacles du climat. Nous conclurons également que si dix-huit ou vingt siècles, et la circumnavigation de l'Afrique et

général consultez sur tous ces animaux les notes que j'ai insérées dans le Pline de l'édition de Lemaire, ainsi que dans la traduction de Pline publiée par M. Panckoucke.

(1) La gerboise est gravée sur les médailles de Cyrène, et indiquée par Aristote sous le nom de *Rat à deux pieds*.

des Indes, ont si peu ajouté en ce genre à ce que les anciens nous ont appris, il n'y a pas d'apparence que les siècles qui suivront apprennent beaucoup à nos neveux.

Mais peut-être quelqu'un fera-t-il un argument inverse, et dira que non seulement les anciens, comme nous venons de le prouver, ont connu autant de grands animaux que nous, mais qu'ils en ont décrit plusieurs que nous n'avons pas; que nous nous hâtons trop de regarder ces animaux comme fabuleux; que nous devons les chercher encore avant de croire avoir épuisé l'histoire de la création existante; enfin que parmi ces animaux prétendus fabuleux se trouveront peut-être, lorsqu'on les connaîtra mieux, les originaux de nos ossements d'espèces inconnues. Quelques - uns penseront même que ces monstres divers, ornements essentiels de l'histoire héroïque de presque tous les peuples, sont précisément ces espèces qu'il a fallu détruire pour permettre à la civilisation de s'établir. Ainsi les Thésée et les Bellérophon auraient été plus heureux que tous nos peuples d'aujourd'hui, qui ont bien repoussé les animaux nuisibles, mais qui ne sont encore parvenus à en exterminer aucun.

Il est facile de répondre à cette objection en examinant les descriptions de ces êtres inconnus, et en remontant à leur origine.

Les plus nombreux ont une source purement mythologique, et leurs descriptions en portent l'empreinte irrécusable; car on ne voit dans presque toutes que des parties d'animaux connus, réunies par une imagination sans frein, et contre toutes les lois de la nature.

Ceux qu'ont inventés ou arrangés les Grecs ont au moins de la grâce dans leur composition; semblables à ces arabesques qui décorent quelques restes d'édifices antiques, et qu'a multipliés le pinceau fécond de Raphaël, les formes qui s'y marient, tout en répugnant à la raison, offrent à l'œil des contours agréables; ce sont des produits légers d'heureux songes; peut-être des emblêmes dans le goût oriental, où l'on prétendait voiler sous des images mystiques quelques propositions de métaphysique ou de morale. Pardonnons à ceux qui emploient leur temps à découvrir la sagesse cachée dans le sphinx de Thèbes, ou dans le pégase de Thessalie, ou dans le minotaure de Crète, ou dans la chimère de l'Épire; mais espérons que personne ne les cherchera sérieusement dans la nature : autant vaudrait y chercher les animaux de Daniel, ou la bête de l'Apocalypse.

N'y cherchons pas davantage les animaux mythologiques des Perses, enfants d'une imagination encore plus exaltée; cette *martichore* ou *destructeur d'hommes*, qui porte une tête humaine sur un corps de lion, terminé par une queue de scorpion (1); ce *griffon* ou *gardeur de trésors*, à moitié aigle, à moitié lion (2); ce *cartazonon* (3) ou âne sauvage, dont le front est armé d'une longue corne.

Ctésias, qui a donné ces animaux pour existants, a passé, chez beaucoup d'auteurs, pour un inventeur de fables, tandis qu'il n'avait fait

---

(1) Plin., VIII, 31; Arist., lib. II, cap. 11; Phot., Bibl., art. 72; Ctes., Indic.; Ælian., Anim., IV, 21.

(2) Ælian., Anim., IV, 27.

(3) *Idem,* XVI, 20; Photius, Bibl., art. 72; Ctes., Indic.

qu'attribuer de la réalité à des figures emblématiques. On a retrouvé ces compositions fantastiques sculptées dans les ruines de Persépolis (1); que signifiaient-elles? Nous ne le
saurons probablement jamais; mais à coup sûr
elles ne représentent pas des êtres réels.

Agatharchides, cet autre fabricateur d'animaux, avait probablement puisé à une source
analogue : les monuments de l'Égypte nous
montrent encore des combinaisons nombreuses
de parties d'espèces diverses : les dieux y sont
souvent représentés avec un corps humain et
une tête d'animal; on y voit des animaux avec
des têtes d'homme, qui ont produit les cynocéphales, les sphinx et les satyres des anciens
naturalistes. L'habitude d'y représenter dans
un même tableau des hommes de tailles très-
différentes, le roi ou le vainqueur gigantesque,
les vaincus ou les sujets trois ou quatre fois
plus petits, aura donné naissance à la fable des

_____

(1) *Voyez* Corneille Lebrun, Voyage en Moscovie,
en Perse et aux Indes, tom. 11, et l'ouvrage allemand de
M. Heeren, sur le commerce des anciens.

pygmées. C'est dans quelque recoin d'un de ces monuments qu'*Agatharchides* aura vu son taureau carnivore, dont la gueule fendue jusqu'aux oreilles, n'épargnait aucun autre animal (1), mais qu'assurément les naturalistes n'avoueront pas, car la nature ne combine ni des pieds fourchus, ni des cornes, avec des dents tranchantes.

Il y aura peut-être eu bien d'autres figures tout aussi étranges, ou dans ceux de ces monuments qui n'ont pu résister au temps, ou dans les temples de l'Éthiopie et de l'Arabie, que les Mahométans et les Abyssins ont détruits par zèle religieux. Ceux de l'Inde en fourmillent; mais les combinaisons en sont trop extravagantes pour avoir trompé quelqu'un; des monstres à cent bras, à vingt têtes toutes différentes, sont aussi par trop monstrueux.

Il n'est pas jusqu'aux Japonais et aux Chi-

_____

(1) Photius, Bibl., art. 250; Agatharchid., Excerpt. hist., cap. xxxix; Ælian., Anim., xvii, 45; Plin., VIII, 21.

nois qui n'aient des animaux imaginaires qu'ils donnent comme réels, qu'ils représentent même dans leurs livres de religion. Les Mexicains en avaient. C'est l'habitude de tous les peuples, soit aux époques où leur idolâtrie n'est point encore raffinée, soit lorsque le sens de ces combinaisons emblématiques a été perdu. Mais qui oserait prétendre trouver dans la nature ces enfants de l'ignorance ou de la superstition?

Il sera arrivé cependant que des voyageurs, pour se faire valoir, auront dit avoir observé ces êtres fantastiques, ou que, faute d'attention, et trompés par une ressemblance légère, ils auront pris pour eux des êtres réels. Les grands singes auront paru de vrais cynocéphales, de vrais sphinx, de vrais hommes à queue; c'est ainsi que saint Augustin aura cru avoir vu un satyre.

Quelques animaux véritables mal observés et mal décrits, auront aussi donné naissance à des idées monstrueuses, bien que fondées sur quelque réalité; ainsi l'on ne peut douter de l'existence de l'hyène, quoique cet animal n'ait pas le cou soutenu par un seul os (1), et qu'il ne change pas chaque année de sexe, comme le dit Pline (2); ainsi le taureau carnivore n'est peut-être qu'un rhinocéros à deux cornes dénaturé. M. de Weltheim prétend bien que les fourmis aurifères d'Hérodote sont des *corsacs*.

L'un des plus fameux, parmi ces animaux des anciens, c'est la *licorne*. On s'est obstiné jusqu'à nos jours à la chercher, ou du moins à chercher des arguments pour en soutenir l'existence. Trois animaux sont fréquemment

---

(1) J'ai même vu, dans le cabinet de feu M. Adrien Camper, un squelette d'hyène où plusieurs des vertèbres du cou étaient soudées ensemble. Il est probable que c'est quelque individu semblable qui aura fait attribuer en général ce caractère à toutes les hyènes. Cet animal doit être plus sujet que d'autres à cet accident, à cause de la force prodigieuse des muscles de son cou et de l'usage fréquent qu'il en fait. Quand l'hyène a saisi quelque chose, il est plus aisé de l'attirer tout entière que de lui arracher ce qu'elle tient; et c'est ce qui en a fait pour les Arabes l'emblème de l'opiniâtreté invincible.

(2) Il ne change pas de sexe; mais il a au périnée un orifice qui a pu le faire croire hermaphrodite.

mentionnés chez les anciens comme n'ayant qu'une corne au milieu du front. L'*oryx d'Afrique*, qui a en même temps le pied fourchu, le poil à contre-sens (1), une grande taille, comparable à celle du bœuf (2) ou même du rhinocéros (3), et que l'on s'accorde à rapprocher des cerfs et des chèvres pour la forme (4); l'*âne des Indes*, qui est solipède, et le *monoceros* proprement dit, dont les pieds sont tantôt comparés à ceux du lion (5), tantôt à ceux de l'éléphant (6), qui est par conséquent censé fissipède. Le cheval (7) et le bœuf unicornes se rapportent l'un et l'autre, sans doute, à l'âne des Indes, car le bœuf même est donné comme solipède (8). Je le demande; si ces animaux

---

(1) Arist., Anim., II, I, III, I; Plin., XI, 46.

(2) Hérod., IV, 192.

(3) Oppien, Cyneg., II, vers. 551.

(4) Plin., VIII, 53.

(5) Philostorge, III, II.

(6) Plin., VIII, 21.

(7) Onésicrite, ap. Strab., lib. XV; Ælian., Anim., XIII, 42.

(8) Plin., VIII, 31.

existaient comme espèces distinctes, n'en au-
rions-nous pas au moins les cornes dans nos
cabinets? Et quelles cornes impaires y possé-
dons-nous, si ce n'est celles du rhinocéros et
du narval?

Comment, après cela, s'en rapporter à des
figures grossières tracées par des sauvages sur
des rochers (1)? Ne sachant pas la perspective,
et voulant représenter une antilope à cornes
droites de profil, ils n'auront pu lui donner
qu'une corne, et voilà sur-le-champ un oryx.
Les oryx des monuments égyptiens ne sont probablement aussi que des produits du style
roide, imposé aux artistes de ce pays par la religion. Beaucoup de leurs profils de quadrupèdes n'offrent qu'une jambe devant et une
derrière; pourquoi auraient-ils montré deux
cornes? Peut-être est-il arrivé de prendre à la
chasse des individus qu'un accident avait privés
d'une corne, comme il arrive assez souvent aux
chamois et aux saïgas, et cela aura suffi pour
confirmer l'erreur produite par ces images.

---

(1) Barrow : Voyage au Cap., trad. fr., II, 178.

C'est probablement ainsi que l'on a trouvé nouvellement la licorne dans les montagnes du
Thibet.

Tous les anciens, au reste, n'ont pas non
plus réduit l'oryx à une seule corne; Oppien lui
en donne expressément plusieurs (1), et Élien
cite des oryx qui en avaient quatre (2); enfin
si cet animal était ruminant et à pied fourchu,
il avait à coup sûr l'os du front divisé en deux,
et n'aurait pu, suivant la remarque très-juste
de Camper, porter une corne sur la suture.

Mais, dira-t-on, quel animal à deux cornes
a pu donner l'idée de l'oryx, et présente les
traits que l'on rapporte de sa conformation,
même en faisant abstraction de l'unité de
corne? Je réponds, avec Pallas, que c'est l'antilope à cornes droites, mal à propos nommée
pasan par Buffon. (*Antilope oryx*, Gmel.) Elle
habite les déserts de l'Afrique, et doit venir
jusqu'aux confins de l'Égypte; c'est celle que
les hiéroglyphes paraissent représenter; sa

(1) Oppien., Cyneg., lib. II, v. 468 et 471.
(2) De An., lib. xv, cap. 14.

forme est assez celle du cerf; sa taille égale celle du bœuf; son poil du dos est dirigé vers la tête; ses cornes forment des armes terribles, aiguës comme des dards, dures comme du fer; son poil est blanchâtre; sa face porte des traits et des bandes noires : voilà tout ce qu'en on dit les naturalistes; et, pour les fables des prêtres d'Égypte qui ont motivé l'adoption de son image parmi les signes hiéroglyphiques, il n'est pas nécessaire qu'elles soient fondées en nature. Qu'on ait donc vu un oryx privé d'une corne; qu'on l'ait pris pour un être régulier, type de toute l'espèce; que cette erreur adoptée par Aristote ait été copiée par ses successeurs, tout cela est possible, naturel même, et ne prouvera cependant rien pour l'existence d'une espèce unicorne (1).

---

(1) M. Lichtenstein, considérant que l'antilope oryx de Pallas n'habite que le midi de l'Afrique, pense que l'oryx des anciens est plutôt l'*antilope gazella,* Linn., qui diffère de l'autre espèce par des cornes arquées. Il paraît en effet que c'est elle qui est représentée le plus souvent sur les monuments égyptiens.

Quant à l'âne des Indes, qu'on lise les propriétés anti-vénéneuses attribuées à sa corne par les anciens, et l'on verra qu'elles sont absolument les mêmes que les Orientaux attribuent aujourd'hui à la corne du rhinocéros. Dans les premiers temps où cette corne aura été apportée chez les Grecs, ils n'auront pas encore connu l'animal qui la portait. En effet, Aristote ne fait point mention du rhinocéros, et Agatharchides est le premier qui l'ait décrit. C'est ainsi que les anciens ont eu de l'ivoire long-temps avant de connaître l'éléphant. Peut-être même quelques-uns de leurs voyageurs auront-ils nommé le rhinocéros *âne des Indes*, avec autant de justesse que les Romains avaient nommé l'éléphant *bœuf de Lucanie*. Tout ce qu'on dit de la force, de la grandeur et de la férocité de cet âne sauvage, convient d'ailleurs très-bien au rhinocéros. Par la suite ceux qui connaissaient mieux le rhinocéros, trouvant dans des auteurs antérieurs cette dénomination d'*âne des Indes*, l'auront prise, faute de critique, pour celle d'un animal particulier; enfin de ce nom l'on aura conclu que l'animal devait être solipède. Il y a bien une description plus détaillée de l'âne des Indes par Ctésias (1), mais nous avons vu plus haut qu'elle a été faite d'après les bas-reliefs de Persépolis; elle ne doit donc entrer pour rien dans l'histoire positive de l'animal.

Quand enfin il sera venu des descriptions un peu plus exactes qui parlaient d'un animal à une seule corne, mais à plusieurs doigts, l'on en aura fait encore une troisième espèce, sous le nom de *monocéros*. Ces sortes de doubles emplois sont d'autant plus fréquents dans les naturalistes anciens, que presque tous ceux dont les ouvrages nous restent étaient de simples compilateurs; qu'Aristote lui-même a fréquemment mêlé des faits empruntés ailleurs avec ceux qu'il a observés lui-même; qu'enfin l'art de la critique était aussi peu connu alors des naturalistes que des historiens, ce qui est beaucoup dire.

De tous ces raisonnements, de toutes ces di-

---

(1) Ælian., Anim., iv, 52; Photius, Bibl., pag. 154.

gressions, il résulte que les grands animaux que nous connaissons dans l'ancien continent étaient connus des anciens; et que les animaux décrits par les anciens, et inconnus de nos jours, étaient fabuleux; il en résulte donc aussi qu'il n'a pas fallu beaucoup de temps pour que les grands animaux des trois premières parties du monde fussent connus des peuples qui en fréquentaient les côtes.

On peut en conclure que nous n'avons de même aucune grande espèce à découvrir en Amérique. S'il y en existait, il n'y aurait aucune raison pour que nous ne les connussions pas; et en effet, depuis cent cinquante ans, on n'y en a découvert aucune. Le tapir, le jaguar, le puma, le cabiai, le lama, la vigogne, le loup rouge, le buffalo ou bison d'Amérique, les fourmiliers, les paresseux, les tatous, sont déjà dans Margrave et dans Hernandès comme dans Buffon; on peut même dire qu'ils y sont mieux, car Buffon a embrouillé l'histoire des fourmiliers, méconnu le jaguar et le loup rouge, et confondu le bison d'Amérique avec l'aurochs de Pologne. A la vérité Pennant est le premier naturaliste qui ait bien distingué le petit bœuf musqué; mais il était depuis long-temps indiqué par les voyageurs. Le cheval à pieds fourchus, de Molina, n'est point décrit par les premiers voyageurs espagnols; mais il est plus que douteux qu'il existe, et l'autorité de Molina est trop suspecte pour le faire adopter. Il serait possible de mieux caracté-riser qu'ils ne le sont, les cerfs de l'Amérique et des Indes; mais il en est à leur égard, comme chez les anciens à l'égard des diverses antilo-pes; c'est faute d'une bonne méthode pour les distinguer, et non pas d'occasions pour les voir, qu'on ne les a pas mieux fait connaître. Nous pouvons donc dire que le mouflon des montagnes Bleues est jusqu'à présent le seul quadrupède d'Amérique un peu considérable, dont la découverte soit tout-à-fait moderne; et peut-être n'est-ce qu'un argali venu de la Si-bérie sur la glace.

Comment croire, après cela, que les im-menses mastodontes, les gigantesques méga-thériums, dont on a trouvé les os sous la terre dans les deux Amériques, vivent encore sur ce continent? Comment auraient-ils échappé à ces peuplades errantes qui parcourent sans cesse le pays dans tous les sens, et qui reconnaissent elles-mêmes qu'ils n'y existent plus, puisqu'elles ont imaginé une fable sur leur destruction, disant qu'ils furent tués par le Grand Esprit, pour les empêcher d'anéantir la race humaine. Mais on voit que cette fable a été occasionée par la découverte des os, comme celle des habitants de la Sibérie sur leur mammouth, qu'ils prétendent vivre sous terre à la manière des taupes; et comme toutes celles des anciens sur les tombeaux de géants qu'ils plaçaient partout où l'on trouvait des os d'éléphants.

Ainsi l'on peut bien croire que si, comme nous le dirons tout à l'heure, aucune des grandes espèces de quadrupèdes aujourd'hui enfouies dans des couches pierreuses régulières, ne s'est trouvée semblable aux espèces vivantes que l'on connaît, ce n'est pas l'effet d'un simple hasard, ni parce que précisément ces espèces, dont on n'a que les os fossiles, sont cachées dans les déserts, et ont échappé jusqu'ici à tous les voyageurs : l'on doit au contraire regarder ce phénomène comme tenant à des causes générales, et son étude comme l'une des plus propres à nous faire remonter à la nature de ces causes.

Les os fossiles
es quadrupè-
les sont diffici-
es à détermi-
ier.

Mais si cette étude est plus satisfaisante par ses résultats que celle des autres restes d'animaux fossiles, elle est aussi hérissée de difficultés beaucoup plus nombreuses. Les coquilles fossiles se présentent pour l'ordinaire dans leur entier, et avec tous les caractères qui peuvent les faire rapprocher de leurs analogues dans les collections ou dans les ouvrages des naturalistes; les poissons même offrent leur squelette plus ou moins entier; on y distingue presque toujours la forme générale de leur corps, et le plus souvent leurs caractères génériques et spécifiques qui se tirent de leurs parties solides. Dans les quadrupèdes au contraire, quand on rencontrerait le squelette entier, on aurait de la peine à y appliquer des caractères tirés, pour la plupart, des poils, des couleurs et d'autres marques qui s'évanouissent avant l'incrustation; et même il est infiniment rare de trouver un squelette fossile un peu

complet; des os isolés, et jetés pêle-mêle, presque toujours brisés et réduits à des fragments,
voilà tout ce que nos couches nous fournissent
dans cette classe, et la seule ressource du naturaliste. Aussi peut-on dire que la plupart des
observateurs, effrayés de ces difficultés, ont
passé légèrement sur les os fossiles de quadrupèdes; les ont classés d'une manière vague,
d'après des ressemblances superficielles, ou
n'ont pas même hasardé de leur donner un
nom; en sorte que cette partie de l'histoire des
fossiles, la plus importante et la plus instructive de toutes, est aussi de toutes la moins cul-
tivée (1).

Heureusement l'anatomie comparée possédait

Principe de
cette détermi-
nation.

---

(1) Je ne prétends point par cette remarque, ainsi que
je l'ai déjà dit plus haut, diminuer le mérite des observations de MM. Camper, Pallas, Blumenbach, Sœmmerring, Merk, Faujas, Rosenmüller, Home, etc.; mais
leurs travaux estimables, qui m'ont été fort utiles, et
que je cite partout, ne sont que partiels, et plusieurs de
ces travaux n'ont été publiés que depuis les premières
éditions de ce discours.

un principe qui, bien développé, était capable de faire évanouir tous les embarras : c'était celui de la corrélation des formes dans les êtres organisés, au moyen duquel chaque sorte d'être pourrait, à la rigueur, être reconnue par chaque fragment de chacune de ses parties.

Tout être organisé forme un ensemble, un système unique et clos, dont les parties se correspondent mutuellement, et concourent à la même action définitive par une réaction réciproque. Aucune de ces parties ne peut changer sans que les autres changent aussi ; et par conséquent chacune d'elles, prise séparément, indique et donne toutes les autres.

Ainsi, comme je l'ai dit ailleurs, si les intestins d'un animal sont organisés de manière à ne digérer que de la chair et de la chair récente, il faut aussi que ses mâchoires soient construites pour dévorer une proie ; ses griffes pour la saisir et la déchirer ; ses dents pour la couper et la diviser ; le système entier de ses organes du mouvement pour la poursuivre et pour l'atteindre ; ses organes des sens pour l'apercevoir de loin ; il faut même que la na-

ture ait placé dans son cerveau l'instinct nécessaire pour savoir se cacher et tendre des
piéges à ses victimes. Telles seront les conditions générales du régime carnivore; tout
animal destiné pour ce régime les réunira in-
failliblement, car sa race n'aurait pu subsister
sans elles; mais sous ces conditions générales
il en existe de particulières, relatives à la
grandeur, à l'espèce, au séjour de la proie,
pour laquelle l'animal est disposé; et de chacune de ces conditions particulières résultent
des modifications de détail dans les formes qui
dérivent des conditions générales : ainsi, non
seulement la classe, mais l'ordre, mais le
genre, et jusqu'à l'espèce, se trouvent expri-
més dans la forme de chaque partie.

En effet, pour que la mâchoire puisse saisir,
il lui faut une certaine forme de condyle, un
certain rapport entre la position de la résistance et celle de la puissance avec le point
d'appui, un certain volume dans le muscle
crotaphite qui exige une certaine étendue dans
la fosse qui le reçoit, et une certaine convexité
de l'arcade zygomatique sous laquelle il passe;

cette arcade zygomatique doit aussi avoir une certaine force pour donner appui au muscle masseter.

Pour que l'animal puisse emporter sa proie, il lui faut une certaine vigueur dans les muscles qui soulèvent sa tête, d'où résulte une forme déterminée dans les vertèbres où ces muscles ont leurs attaches, et dans l'occiput où ils s'insèrent.

Pour que les dents puissent couper la chair, il faut qu'elles soient tranchantes, et qu'elles le soient plus ou moins, selon qu'elles auront plus ou moins exclusivement de la chair à couper. Leur base devra être d'autant plus solide, qu'elles auront plus d'os, et de plus gros os à briser. Toutes ces circonstances influeront aussi sur le développement de toutes les parties qui servent à mouvoir la mâchoire.

Pour que les griffes puissent saisir cette proie, il faudra une certaine mobilité dans les doigts, une certaine force dans les ongles, d'où résulteront des formes déterminées dans toutes les phalanges, et des distributions nécessaires de muscles et de tendons; il faudra que l'avant-bras ait une certaine facilité à se tourner, d'où résulteront encore des formes déterminées dans les os qui le composent; mais les os de l'avant-bras, s'articulant sur l'humérus, ne peuvent changer de formes sans entraîner des changements dans celui-ci. Les os de l'épaule devront avoir un certain degré de fermeté dans les animaux qui emploient leurs bras pour saisir, et il en résultera encore pour eux des formes particulières. Le jeu de toutes ces parties exigera dans tous leurs muscles de certaines proportions, et les impressions de ces muscles ainsi proportionnés, détermineront encore plus particulièrement les formes des os.

Il est aisé de voir que l'on peut tirer des conclusions semblables pour les extrémités postérieures qui contribuent à la rapidité des mouvements généraux; pour la composition du tronc et les formes des vertèbres, qui influent sur la facilité, la flexibilité de ces mouvements; pour les formes des os du nez, de l'orbite, de l'oreille, dont les rapports avec la perfection des sens de l'odorat, de la vue, de l'ouïe sont évidents. En un mot, la forme de la dent entraîne la forme du condyle, celle de l'omoplate, celle des ongles, tout comme l'équation d'une courbe entraîne toutes ses propriétés; et de même qu'en prenant chaque propriété séparément pour base d'une équation particulière, on retrouverait, et l'équation ordinaire, et toutes les autres propriétés quelconques, de même l'ongle, l'omoplate, le condyle, le fémur, et tous les autres os pris chacun séparément, donnent la dent ou se donnent réciproquement; et en commençant par chacun d'eux, celui qui possèderait rationnellement les lois de l'économie organique pourrait refaire tout l'animal.

Ce principe est assez évident en lui-même, dans cette acception générale, pour n'avoir pas besoin d'une plus ample démonstration; mais quand il s'agit de l'appliquer, il est un grand nombre de cas où notre connaissance théorique des rapports des formes ne suffirait point, si elle n'était appuyée sur l'observation.

Nous voyons bien, par exemple, que les animaux à sabots doivent tous être herbivores, puisqu'ils n'ont aucun moyen de saisir une proie; nous voyons bien encore que, n'ayant

d'autre usage à faire de leurs pieds de devant
que de soutenir leur corps, ils n'ont pas besoin
d'une épaule aussi vigoureusement organisée,
d'où résulte l'absence de clavicule et d'acro-
mion, l'étroitesse de l'omoplate; n'ayant pas
non plus besoin de tourner leur avant-bras,
leur radius sera soudé au cubitus, ou du moins
articulé par ginglyme, et non par arthrodie
avec l'humérus; leur régime herbivore exigera
des dents à couronne plate pour broyer les se-
mences et les herbages; il faudra que cette
couronne soit inégale, et, pour cet effet, que
les parties d'émail y alternent avec les parties
osseuses; cette sorte de couronne nécessitant
des mouvements horizontaux pour la tritura-
tion, le condyle de la mâchoire ne pourra être
un gond aussi serré que dans les carnassiers:
il devra être aplati, et répondre aussi à une
facette de l'os des tempes plus ou moins aplatie;
la fosse temporale, qui n'aura qu'un petit muscle à loger, sera peu large et peu profonde, etc.
Toutes ces choses se déduisent l'une de l'autre,
selon leur plus ou moins de généralité, et de
manière que les unes sont essentielles et exclu-

sivement propres aux animaux à sabot, et que
les autres, quoique également nécessaires dans
ces animaux, ne leur seront pas exclusives,
mais pourront se retrouver dans d'autres animaux, où le reste des conditions permettra encore celles-là.

Si l'on descend ensuite aux ordres ou subdivisions de la classe des animaux à sabots, et
que l'on examine quelles modifications subissent les conditions générales, ou plutôt quelles
conditions particulières il s'y joint, d'après le
caractère propre à chacun de ces ordres, les
raisons de ces conditions subordonnées commencent à paraître moins claires. On conçoit
bien encore en gros la nécessité d'un système
digestif plus compliqué dans les espèces où le
système dentaire est plus imparfait; ainsi l'on
peut se dire que ceux-là devaient être plutôt
des animaux ruminants, où il manque tel ou
tel ordre de dents; on peut en déduire une certaine forme d'œsophage et des formes correspondantes des vertèbres du cou, etc. Mais je
doute qu'on eût deviné, si l'observation ne
l'avait appris, que les ruminants auraient tous

le pied fourchu, et qu'ils seraient les seuls qui l'auraient : je doute qu'on eût deviné qu'il n'y aurait de cornes au front que dans cette seule classe; que ceux d'entre eux qui auraient des canines aiguës, manqueraient, pour la plupart, de cornes, etc.

Cependant, puisque ces rapports sont constants, il faut bien qu'ils aient une cause suffisante; mais comme nous ne la connaissons pas, nous devons suppléer au défaut de la théorie par le moyen de l'observation; elle nous sert à établir des lois empiriques qui deviennent presque aussi certaines que les lois rationnelles, quand elles reposent sur des observations assez répétées; en sorte qu'aujourd'hui, quelqu'un qui voit seulement la piste d'un pied fourchu, peut en conclure que l'animal qui a laissé cette empreinte ruminait; et cette conclusion est tout aussi certaine qu'aucune autre en physique ou en morale. Cette seule piste donne donc à celui qui l'observe, et la forme des dents, et la forme des mâchoires, et la forme des vertèbres, et la forme de tous les os des jambes, des cuisses, des épaules et du bassin de l'animal qui vient de passer. C'est une marque plus sûre que toutes celles de Zadig.

Qu'il y ait cependant des raisons secrètes de tous ces rapports, c'est ce que l'observation même fait entrevoir indépendamment de la philosophie générale.

En effet, quand on forme un tableau de ces rapports, on y remarque non-seulement une constance spécifique, si l'on peut s'exprimer ainsi, entre telle forme de tel organe et telle autre forme d'un organe différent; mais l'on aperçoit aussi une constance classique et une gradation correspondante dans le développement de ces deux organes, qui montrent, presque aussi bien qu'un raisonnement effectif, leur influence mutuelle.

Par exemple, le système dentaire des animaux à sabots, non ruminants, est en général plus parfait que celui des animaux à pieds fourchus ou ruminants, parce que les premiers ont des incisives ou des canines, et presque toujours des unes et des autres aux deux mâchoires; et la structure de leur pied est en général plus compliquée, parce qu'ils ont plus de doigts, ou des ongles qui enveloppent moins les phalanges, ou plus d'os distincts au métacarpe et au métatarse, ou des os du tarse plus nombreux, ou un péroné plus distinct du tibia, ou bien enfin parce qu'ils réunissent souvent toutes ces circonstances. Il est impossible de donner des raisons de ces rapports ; mais ce qui prouve qu'ils ne sont point l'effet du hasard, c'est que toutes les fois qu'un animal à pied fourchu montre dans l'arrangement de ses dents quelque tendance à se rapprocher des animaux dont nous parlons, il montre aussi une tendance semblable dans l'arrangement de ses pieds. Ainsi les chameaux qui ont des canines, et même deux ou quatre incisives à la mâchoire supérieure, ont un os de plus au tarse, parce que leur scaphoïde n'est pas soudé au cuboïde, et des ongles très-petits avec des phalanges onguéales correspondantes. Les chevrotains, dont les canines sont très-développées, ont un péroné distinct tout le long de leur tibia, tandis que les autres pieds fourchus n'ont pour tout péroné qu'un petit os.

articulé au bas du tibia. Il y a donc une har-
monie constante entre deux organes en apparence fort étrangers l'un à l'autre; et les gra-
dations de leurs formes se correspondent sans
interruption, même dans les cas où nous ne
pouvons rendre raison de leurs rapports.

Or, en adoptant ainsi la méthode de l'observation comme un moyen supplémentaire
quand la théorie nous abandonne, on arrive à
des détails faits pour étonner. La moindre facette d'os, la moindre apophyse ont un caractère déterminé, relatif à la classe, à l'ordre,
au genre et à l'espèce auxquels elles appartiennent, au point que toutes les fois que l'on
a seulement une extrémité d'os bien conservée, on peut, avec de l'application, et en s'ai-
dant avec un peu d'adresse de l'analogie et de
la comparaison effective, déterminer toutes
ces choses aussi sûrement que si l'on possédait
l'animal entier. J'ai fait bien des fois l'expé-
rience de cette méthode sur des portions d'animaux connus, avant d'y mettre entièrement
ma confiance pour les fossiles; mais elle a
toujours eu des succès si infaillibles, que je

n'ai plus aucun doute sur la certitude des résultats qu'elle m'a donnés.

Il est vrai que j'ai joui de tous les secours qui pouvaient m'être nécessaires, et que ma position heureuse et une recherche assidue pendant près de trente ans m'ont procuré des squelettes de tous les genres et sous-genres de quadrupèdes, et même de beaucoup d'espèces dans certains genres, et de plusieurs individus dans quelques espèces. Avec de tels moyens il m'a été aisé de multiplier mes comparaisons, et de vérifier dans tous leurs détails les applications que je faisais de mes lois.

Nous ne pouvons traiter plus au long de cette méthode, et nous sommes obligés de renvoyer à la grande anatomie comparée que nous ferons bientôt paraître, et où l'on en trouvera toutes les règles. Cependant un lecteur intelligent pourra déjà en abstraire un grand nombre de l'ouvrage sur les os fossiles, s'il prend la peine de suivre toutes les applications que nous y en avons faites. Il verra que c'est par cette méthode seule que nous nous sommes dirigés, et qu'elle nous a presque toujours

suffi pour rapporter chaque os à son espèce,
quand il était d'une espèce vivante; à son genre,
quand il était d'une espèce inconnue; à son
ordre, quand il était d'un genre nouveau; à
sa classe enfin, quand il appartenait à un ordre
non encore établi; et pour lui assigner, dans
ces trois derniers cas, les caractères propres à
le distinguer des ordres, des genres, ou des
espèces les plus semblables. Les naturalistes
n'en faisaient pas davantage, avant nous, pour
des animaux entiers. C'est ainsi que nous avons
déterminé et classé les restes de plus de cent
cinquante mammifères ou quadrupèdes ovipares.

Considérés par rapport aux espèces, plus de
quatre-vingt-dix de ces animaux sont bien certainement inconnus jusqu'à ce jour des naturalistes; onze ou douze ont une ressemblance
si absolue avec des espèces connues, que l'on
ne peut guère conserver de doute sur leur
identité; les autres présentent, avec des espèces
connues, beaucoup de traits de ressemblance;
mais la comparaison n'a pu encore en être

Tableaux des
résultats géné-
raux de ces re-
cherches.

faite d'une manière assez scrupuleuse pour lever tous les doutes.

Considérés par rapport aux genres, sur les quatre-vingt-dix espèces inconnues, il y en a près de soixante qui appartiennent à des genres nouveaux : les autres espèces se rapportent à des genres ou sous-genres connus.

Il n'est pas inutile de considérer aussi ces animaux par rapport aux classes et aux ordres auxquels ils appartiennent.

Sur les cent cinquante espèces, un quart environ sont des quadrupèdes ovipares, et toutes les autres des mammifères. Parmi celles-ci, plus de la moitié appartiennent aux animaux à sabot non ruminants.

Toutefois il serait encore prématuré d'établir sur ces nombres aucune conclusion relative à la théorie de la terre, parce qu'ils ne sont point en rapport nécessaire avec les nombres des genres ou des espèces qui peuvent être enfouis dans nos couches. Ainsi l'on a beaucoup plus recueilli d'os de grandes espèces, qui frappent davantage les ouvriers, tandis que ceux des petites sont ordinairement négligés, à moins que le hasard ne les fasse tomber dans les mains d'un naturaliste, ou que quelque circonstance particulière, comme leur abondance extrême en certains lieux, n'attire l'attention du vulgaire.

Rapports des spèces avec les ouches.
Ce qui est plus important, ce qui fait même l'objet le plus essentiel de tout mon travail, et établit sa véritable relation avec la théorie de la terre, c'est de savoir dans quelles couches on trouve chaque espèce, et s'il y a quelques lois générales relatives, soit aux subdivisions zoologiques, soit au plus ou moins de ressemblance des espèces avec celles d'aujourd'hui.

Les lois reconnues à cet égard sont très-belles et très-claires.

Premièrement, il est certain que les quadrupèdes ovipares paraissent beaucoup plus tôt que les vivipares; qu'ils sont même plus abondants, plus forts, plus variés dans les anciennes couches qu'à la surface actuelle du globe.

Les ichtyosaurus, les plesiosaurus, plusieurs tortues, plusieurs crocodiles sont au-dessous de la craie dans les terrains dits communément du Jura. Les monitors de Thuringe seraient plus anciens encore si, comme le pense l'École de Werner, les schistes cuivreux qui les recèlent au milieu de tant de sortes de poissons que l'on croit d'eau douce, sont au nombre des plus anciens lits du terrain secondaire. Les immenses sauriens et les grandes tortues de Maëstricht sont dans la formation crayeuse même; mais ce sont des animaux marins.

Cette première apparition d'ossements fossiles semble donc déjà annoncer qu'il existait des terres sèches et des eaux douces avant la formation de la craie; mais, ni à cette époque, ni pendant que la craie s'est formée, ni même long-temps depuis, il ne s'est point incrusté d'ossements de mammifères terrestres, ou du moins le petit nombre de ceux que l'on allègue ne forme qu'une exception presque sans conséquence (1).

---

(1) Les mâchoires d'un animal de la famille des didelphes paraissent avoir été trouvées dans l'oolithe des environs d'Oxford. Si ce gisement se vérifie, ce sera la

Nous commençons à trouver des os de mammifères marins, c'est-à-dire de lamantins et de phoques, dans le calcaire coquillier grossier qui recouvre la craie dans nos environs; mais il n'y a encore aucun os de mammifère terrestre.

Malgré les recherches les plus suivies, il m'a été impossible de découvrir aucune trace distincte de cette classe avant les terrains déposés sur le calcaire grossier : des lignites et des molasses en recèlent à la vérité; mais je doute beaucoup que ces terrains soient tous, comme on le croit, antérieurs à ce calcaire; les lieux où ils ont fourni des os sont trop limités, trop peu nombreux pour que l'on ne soit pas obligé de supposer quelque irrégularité ou quelque retour dans leur formation (1).

---

plus ancienne espèce de mammifères qui ait laissé des vestiges. Voyez à ce sujet les Mémoires de MM. Buckland, Constant Prévost, etc.

(1) M. Robert, jeune naturaliste de Paris, vient de trouver à Nanterre des os de lophiodon et d'anoplotherium leporinum dans des couches qui paraissent appartenir au calcaire grossier lui-même.

Au contraire, aussitôt qu'on est arrivé aux terrains qui surmontent le calcaire grossier, les os d'animaux terrestres se montrent en grand nombre.

Ainsi, comme il est raisonnable de croire que les coquilles et les poissons n'existaient pas à l'époque de la formation des terrains primordiaux, l'on doit croire aussi que les quadrupèdes ovipares ont commencé avec les poissons, et dès les premiers temps qui ont produit des terrains secondaires; mais que les quadrupèdes terrestres ne sont venus, du moins en nombre considérable, que long-temps après, et lorsque les calcaires grossiers qui contiennent déjà la plupart de nos genres de coquilles, quoique en espèces différentes des nôtres, eurent été déposés.

Il est à remarquer que ces calcaires grossiers, ceux dont on se sert à Paris pour bâtir, sont les derniers bancs qui annoncent un séjour long et tranquille de la mer sur nos continents. Après eux l'on trouve bien encore des terrains remplis de coquilles et d'autres produits de la mer; mais ce sont des terrains meu-

bles, des sables, des marnes, des grès, des
argiles, qui indiquent plutôt des transports
plus ou moins tumultueux qu'une précipitation
tranquille; et, s'il y a quelques bancs pierreux
et réguliers un peu considérables au-dessous
ou au-dessus de ces terrains de transport, ils
donnent généralement des marques d'avoir été
déposés dans l'eau douce.

Presque tous les os connus de quadrupèdes
vivipares sont donc, ou dans ces terrains d'eau
douce, ou dans ces terrains de transport, et par
conséquent il y a tout lieu de croire que ces quadrupèdes n'ont commencé à exister, ou du
moins à laisser de leurs dépouilles dans les couches que nous pouvons sonder, que depuis
l'avant-dernière retraite de la mer, et pendant
l'état de choses qui a précédé sa dernière irruption.

Mais il y a aussi un ordre dans la disposition
de ces os entre eux, et cet ordre annonce encore une succession très-remarquable entre
leurs espèces.

D'abord tous les genres inconnus aujourd'hui,
les palæothériums, les anoplothériums, etc.,

sur le gisement desquels on a des notions certaines, appartiennent aux plus anciens des terrains dont il est question ici, à ceux qui reposent immédiatement sur le calcaire grossier (1).
Ce sont eux principalement qui remplissent les
bancs réguliers déposés par les eaux douces ou
certains lits de transport, très-anciennement
formés, composés en général de sables et de cailloux roulés, et qui étaient peut-être les premières alluvions de cet ancien monde. On trouve
aussi avec eux quelques espèces perdues de
genres connus, mais en petit nombre, et quelques quadrupèdes ovipares et poissons qui paraissent tous d'eau douce. Les lits qui les recèlent sont toujours plus ou moins reccuverts
par des lits de transport remplis de coquilles et
d'autres produits de la mer.

Les plus célèbres des espèces inconnues, qui
appartiennent à des genres connus ou à des
genres très-voisins de ceux que l'on connaît,

---

(1) Quelquefois au calcaire grossier lui-même, comme
je viens de le dire pour le lophiodon et l'anoplotherium
leporinum.

comme les éléphants, les rhinocéros, les hippopotames, les mastodontes fossiles, ne se trouvent point avec ces genres plus anciens. C'est
dans les seuls terrains de transport qu'on les
découvre, tantôt avec des coquilles de mer, tantôt avec des coquilles d'eau douce, mais jamais
dans des bancs pierreux réguliers. Tout ce qui
se trouve avec ces espèces est ou inconnu comme
elles, ou au moins douteux.

Enfin les os d'espèces qui paraissent les
mêmes que les nôtres ne se déterrent que dans
les derniers dépôts d'alluvions formés sur les
bords des rivières, ou sur les fonds d'anciens
étangs ou marais desséchés, ou dans l'épaisseur
des couches de tourbes, ou dans les fentes et
cavernes de quelques rochers, ou enfin à peu
de distance de la superficie dans des endroits
où ils peuvent avoir été enfouis par des éboulements ou par la main des hommes; et leur
position superficielle fait que ces os, les plus
récents de tous, sont aussi, presque toujours,
les moins bien conservés.

Il ne faut pas croire cependant que cette clas-
sification des divers gisements soit aussi nette

que celle des espèces, ni qu'elle porte un caractère de démonstration comparable : il y a des
raisons nombreuses pour qu'il n'en soit pas
ainsi.

D'abord toutes mes déterminations d'espèces
ont été faites sur les os eux-mêmes, ou sur de
bonnes figures; il s'en faut, au contraire, beaucoup que j'aie observé par moi-même tous les
lieux où ces os ont été découverts. Très-souvent
j'ai été obligé de m'en rapporter à des relations
vagues, ambiguës, faites par des personnes qui
ne savaient pas bien elles-mêmes ce qu'il fallait observer : plus souvent encore je n'ai point
trouvé de renseignements du tout.

Secondement, il peut y avoir à cet égard infiniment plus d'équivoque qu'à l'égard des os
eux-mêmes. Le même terrain peut paraître
récent dans les endroits où il est superficiel,
et ancien dans ceux où il est recouvert par les
bancs qui lui ont succédé. Des terrains anciens
peuvent avoir été transportés par des inonda-
tions partielles, et avoir couvert des os récents;
ils peuvent s'être éboulés sur eux et les avoir
enveloppés et mêlés avec les productions de

l'ancienne mer qu'ils recélaient auparavant; des os anciens peuvent avoir été lavés par les eaux, et ensuite repris par des alluvions récentes; enfin des os récents peuvent être tombés dans les fentes ou les cavernes d'anciens rochers, et y avoir été enveloppés par des stalactites ou d'autres incrustations. Il faudrait dans chaque cas analyser et apprécier toutes ces circonstances, qui peuvent masquer aux yeux la véritable origine des fossiles; et rarement les personnes qui ont recueilli des os se sont-elles doutées de cette nécessité, d'où il résulte que les véritables caractères de leur gisement ont presque toujours été négligés ou méconnus.

En troisième lieu, il y a quelques espèces douteuses qui altèreront plus ou moins la certitude des résultats aussi long-temps qu'on ne sera pas arrivé à des distinctions nettes à leur égard; ainsi les chevaux, les buffles, qu'on trouve avec les éléphants, n'ont point encore de caractères spécifiques particuliers; et les géologistes qui ne voudront pas adopter mes différentes époques pour les os fossiles, pourront en tirer encore pendant bien des années un argument d'autant plus commode, que c'est dans mon livre qu'ils le prendront.

Mais tout en convenant que ces époques sont susceptibles de quelques objections pour les personnes qui considèreront avec légèreté quelque cas particulier, je n'en suis pas moins persuadé que celles qui embrasseront l'ensemble des phénomènes ne seront point arrêtées par ces petites difficultés partielles, et reconnaîtront avec moi qu'il y a eu au moins une et très-probablement deux successions dans la classe des quadrupèdes avant celle qui peuple aujourd'hui la surface de nos contrées.

Ici je m'attends encore à une autre objection, et même on me l'a déjà faite.

Pourquoi les races actuelles, me dira-t-on, ne seraient-elles pas des modifications de ces races anciennes que l'on trouve parmi les fossiles, modifications qui auraient été produites par les circonstances locales et le changement de climat, et portées à cette extrême différence par la longue succession des années?

Les espèces perdues ne sont pas des variétés des espèces vivantes.

Cette objection doit surtout paraître forte à

ceux qui croient à la possibilité indéfinie de l'altération des formes dans les corps organisés, et qui pensent qu'avec des siècles et des habitudes toutes les espèces pourraient se changer les unes dans les autres, ou résulter d'une seule d'entre elles.

Cependant on peut leur répondre, dans leur propre système, que si les espèces ont changé par degrés, on devrait trouver des traces de ces modifications graduelles; qu'entre le palæothérium et les espèces d'aujourd'hui l'on devrait découvrir quelques formes intermédiaires, et que jusqu'à présent cela n'est point arrivé.

Pourquoi les entrailles de la terre n'ont-elles point conservé les monuments d'une généalogie si curieuse, si ce n'est parce que les espèces d'autrefois étaient aussi constantes que les nôtres, ou du moins parce que la catastrophe qui les a détruites ne leur a pas laissé le temps de se livrer à leurs variations?

Quant aux naturalistes qui reconnaissent que les variétés sont restreintes dans certaines limites fixées par la nature, il faut, pour leur répondre, examiner jusqu'où s'étendent ces limites, recherche curieuse, fort intéressante en elle-même sous une infinité de rapports, et dont on s'est cependant bien peu occupé jusqu'ici.

Cette recherche suppose la définition de l'espèce qui sert de base à l'usage que l'on fait de ce mot, savoir que l'espèce comprend *les individus qui descendent les uns des autres ou de parents communs, et ceux qui leur ressemblent autant qu'ils se ressemblent entre eux.* Ainsi nous n'appelons variétés d'une espèce que les races plus ou moins différentes qui peuvent en être sorties par la génération. Nos observations sur les différences entre les ancêtres et les descendants sont donc pour nous la seule règle raisonnable; car toute autre rentrerait dans des hypothèses sans preuves.

Or, en prenant ainsi la *variété*, nous observons que les différences qui la constituent dépendent de circonstances déterminées, et que leur étendue augmente avec l'intensité de ces circonstances.

Ainsi les caractères les plus superficiels sont les plus variables; la couleur tient beaucoup à la lumière; l'épaisseur du poil à la chaleur; la grandeur à l'abondance de la nourriture : mais, dans un animal sauvage, ces variétés mêmes sont fort limitées par le naturel de cet animal, qui ne s'écarte pas volontiers des lieux où il trouve, au degré convenable, tout ce qui est nécessaire au maintien de son espèce, et qui ne s'étend au loin qu'autant qu'il y trouve aussi la réunion de ces conditions. Ainsi, quoique le loup et le renard habitent depuis la zone torride jusqu'à la zone glaciale, à peine éprouvent-ils, dans cet immense intervalle, d'autre variété qu'un peu plus ou un peu moins de beauté dans leur fourrure. J'ai comparé des crânes de renards du Nord et de renards d'Égypte avec ceux des renards de France, et je n'y ai trouvé que des différences individuelles.

Ceux des animaux sauvages qui sont retenus dans des espaces plus limités varient bien moins encore, surtout les carnassiers. Une crinière plus fournie fait la seule différence entre l'hyène de Perse et celle de Maroc.

Les animaux sauvages herbivores éprouvent un peu plus profondément l'influence du climat, parce qu'il s'y joint celle de la nourriture, qui vient à différer quant à l'abondance et quant à la qualité. Ainsi les éléphants seront plus grands dans telle forêt que dans telle autre; ils auront des défenses un peu plus longues dans les lieux où la nourriture sera plus favorable à la formation de la matière de l'ivoire; il en sera de même des rennes, des cerfs, par rapport à leur bois : mais que l'on prenne les deux éléphants les plus dissemblables, et que l'on voie s'il y a la moindre différence dans le nombre ou les articulations des os, dans la structure de leurs dents, etc.

D'ailleurs les espèces herbivores à l'état sauvage paraissent plus restreintes que les carnassières dans leur dispersion, parce que le changement des espèces végétales se joint à la température pour les arrêter.

La nature a soin aussi d'empêcher l'altération des espèces, qui pourrait résulter de leur mélange, par l'aversion mutuelle qu'elle leur a donnée. Il faut toutes les ruses, toute la puissance de l'homme pour faire contracter ces unions, même à celles qui se ressemblent le

plus ; et quand les produits sont féconds, ce
qui est très-rare, leur fécondité ne va point au-
delà de quelques générations, et n'aurait probablement pas lieu sans la continuation des
soins qui l'ont excitée. Aussi ne voyons-nous
pas dans nos bois d'individus intermédiaires
entre le lièvre et le lapin, entre le cerf et le
daim, entre la marte et la fouine.

Mais l'empire de l'homme altère cet ordre ; il
développe toutes les variations dont le type de
chaque espèce est susceptible, et en tire des
produits que ces espèces, livrées à elles-mêmes,
n'auraient jamais donnés.

Ici le degré des variations est encore proportionné à l'intensité de leur cause, qui est l'es-
clavage.

Il n'est pas très-élevé dans les espèces demi-
domestiques, comme le chat. Des poils plus
doux, des couleurs plus vives, une taille plus
ou moins forte, voilà tout ce qu'il éprouve ; mais
le squelette d'un chat d'Angora ne diffère en
rien de constant de celui d'un chat sauvage.

Dans les herbivores domestiques, que nous
transportons en toutes sortes de climats, que

nous assujettissons à toutes sortes de régimes,
auxquels nous mesurons diversement le travail
et la nourriture, nous obtenons des variations
plus grandes, mais encore toutes superficielles :
plus ou moins de taille, des cornes plus ou
moins longues qui manquent quelquefois entièrement; une loupe de graisse plus ou moins
forte sur les épaules, forment les différences
des bœufs; et ces différences se conservent long-
temps, même dans les races transportées hors
du pays où elles se sont formées, quand on a
soin d'en empêcher le croisement.

De cette nature sont aussi les innombrables
variétés des moutons qui portent principalement sur la laine, parce que c'est l'objet auquel
l'homme a donné le plus d'attention : elles sont
un peu moindres, quoique encore très-sen-
sibles, dans les chevaux.

En général, les formes des os varient peu ;
leurs connexions, leurs articulations, la forme
des grandes dents molaires ne varient jamais.

Le peu de développement des défenses dans
le cochon domestique, la soudure de ses ongles
dans quelques-unes de ses races, sont l'extrême

des différences que nous avons produites dans les herbivores domestiques.

Les effets les plus marqués de l'influence de l'homme se montrent sur l'animal dont il a fait le plus complétement la conquête, sur le chien, cette espèce tellement dévouée à la nôtre, que les individus mêmes semblent nous avoir sacrifié leur moi, leur intérêt, leur sentiment propre. Transportés par les hommes dans tout l'univers, soumis à toutes les causes capables d'influer sur leur développement, assortis dans leurs unions au gré de leurs maîtres, les chiens varient pour la couleur, pour l'abondance du poil, qu'ils perdent même quelquefois entièrement; pour sa nature; pour la taille qui peut différer comme un à cinq dans les dimensions linéaires, ce qui fait plus du centuple de la masse; pour la forme des oreilles, du nez, de la queue; pour la hauteur relative des jambes; pour le développement progressif du cerveau dans les variétés domestiques, d'où résulte la forme même de leur tête, tantôt grêle, à museau effilé, à front plat, tantôt à museau court, à front bombé; au point que les différences apparentes d'un mâtin et d'un barbet, d'un lévrier et d'un doguin, sont plus fortes que celles d'aucunes espèces sauvages d'un même genre naturel; enfin, et ceci est le maximum de variation connu jusqu'à ce jour dans le règne animal, il y a des races de chiens qui ont un doigt de plus au pied de derrière avec les os du tarse correspondants, comme il y a, dans l'espèce humaine, quelques familles sexdigitaires.

Mais dans toutes ces variations les relations des os restent les mêmes, et jamais la forme des dents ne change d'une manière appréciable; tout au plus y a-t-il quelques individus où il se développe une fausse molaire de plus, soit d'un côté, soit de l'autre (1).

Il y a donc, dans les animaux, des caractères qui résistent à toutes les influences, soit naturelles, soit humaines, et rien n'annonce

---

(1) Voyez le Mémoire de mon frère sur les variétés des chiens, qui est inséré dans les Annales du Muséum d'histoire naturelle. Ce travail a été exécuté à ma prière avec les squelettes que j'ai fait préparer exprès de toutes les variétés de chien.

que le temps ait, à leur égard, plus d'effet que le climat et la domesticité.

Je sais que quelques naturalistes comptent beaucoup sur les milliers de siècles qu'ils accumulent d'un trait de plume ; mais dans de semblables matières nous ne pouvons guère juger de ce qu'un long temps produirait, qu'en multipliant par la pensée ce que produit un temps moindre. J'ai donc cherché à recueillir les plus anciens documents sur les formes des animaux, et il n'en existe point qui égalent, pour l'antiquité et pour l'abondance, ceux que nous fournit l'Égypte. Elle nous offre, non-seulement des images, mais les corps des animaux eux-mêmes embaumés dans ses catacombes.

J'ai examiné avec le plus grand soin les figures d'animaux et d'oiseaux gravés sur les nombreux obélisques venus d'Égypte dans l'ancienne Rome. Toutes ces figures sont, pour l'ensemble, qui seul a pu être l'objet de l'attention des artistes, d'une ressemblance parfaite avec les espèces telles que nous les voyons aujourd'hui.

Chacun peut examiner les copies qu'en don-

nent Kirker et Zoega : sans conserver la pureté de trait des originaux, elles offrent encore
des figures très-reconnaissables. On y distingue
aisément l'ibis, le vautour, la chouette, le faucon, l'oie d'Égypte, le vanneau, le râle de
terre, la vipère haje ou l'aspic, le céraste, le
lièvre d'Égypte avec ses longues oreilles, l'hippopotame même; et dans ces nombreux monuments gravés dans le grand ouvrage sur
l'Égypte, on voit quelquefois les animaux les
plus rares, l'algazel, par exemple, qui n'a été
vu en Europe que depuis quelques années (1).

Mon savant collègue, M. Geoffroy Saint-Hi-
laire, pénétré de l'importance de cette recherche, a eu soin de recueillir dans les tombeaux
et dans les temples de la Haute et de la Basse-
Égypte le plus qu'il a pu de momies d'animaux.
Il a rapporté des chats, des ibis, des oiseaux de
proie, des chiens, des singes, des crocodiles,

---

(1) La première image que l'on en ait d'après nature
est dans la Description de la Ménagerie, par mon frère:
on le voit parfaitement représenté, Descript. de l'Égypte.
Antiq., tom. iv, planche XLIX.

une tête de bœuf, embaumés; et l'on n'aperçoit certainement pas plus de différence entre
ces êtres et ceux que nous voyons, qu'entre les
momies humaines et les squelettes d'hommes
d'aujourd'hui (1). On pouvait en trouver entre
les momies d'ibis et l'ibis, tel que le décrivaient
jusqu'à ce jour les naturalistes; mais j'ai levé
tous les doutes dans un mémoire sur cet oiseau,
que l'on trouvera à la suite de ce discours, et
où j'ai montré qu'il est encore maintenant le
même que du temps des Pharaons. Je sais bien
que je ne cite là que des individus de deux ou
trois mille ans; mais c'est toujours remonter
aussi haut que possible.

Il n'y a donc, dans les faits connus, rien qui
puisse appuyer le moins du monde l'opinion
que les genres nouveaux que j'ai découverts ou
établis parmi les fossiles, non plus que ceux qui
l'ont été par d'autres naturalistes, les *palœo-
thériums*, les *anoplothériums*, les *mégalonyx*,

_____

(1) Voyez sur les variétés des crocodiles la note du
tom. II, p. 21, de mon Règne Animal, deuxième édition.

les *mastodontes*, des *ptérodactyles*, les *ichtyo-saurus*, *etc.*, aient pu être les souches de quel-ques-uns des animaux d'aujourd'hui, lesquels n'en différeraient que par l'influence du temps ou du climat ; et quand il serait vrai (ce que je suis loin encore de croire) que les éléphants, les rhinocéros, les cerfs gigantesques, les ours fossiles ne diffèrent pas plus de ceux d'à pré-sent que les races des chiens ne diffèrent entre elles, on ne pourrait pas conclure de là l'iden-tité d'espèces, parce que les races des chiens ont été soumises à l'influence de la domesticité que ces autres animaux n'ont ni subie, ni pu subir.

Au reste, lorsque je soutiens que les bancs pierreux contiennent les os de plusieurs genres, et les couches meubles ceux de plusieurs es-pèces qui n'existent plus, je ne prétends pas qu'il ait fallu une création nouvelle pour pro-duire les espèces aujourd'hui existantes ; je dis seulement qu'elles n'existaient pas dans les lieux où on les voit à présent, et qu'elles ont dû y venir d'ailleurs.

Supposons, par exemple, qu'une grande irruption de la mer couvre d'un amas de sables ou d'autres débris le continent de la Nouvelle-Hollande : elle y enfouira les cadavres des kanguroos, des phascolomes, des dasyures, des péramèles, des phalangers volants, des échidnés et des ornithorinques, et elle détruira entièrement les espèces de tous ces genres, puisque aucun d'eux n'existe maintenant en d'autres pays.

Que cette même révolution mette à sec les petits détroits multipliés qui séparent la Nouvelle-Hollande du continent de l'Asie, elle ouvrira un chemin aux éléphants, aux rhinocéros, aux buffles, aux chevaux, aux chameaux, aux tigres, et à tous les autres quadrupèdes asiatiques qui viendront peupler une terre où ils auront été auparavant inconnus.

Qu'ensuite un naturaliste, après avoir bien étudié toute cette nature vivante, s'avise de fouiller le sol sur lequel elle vit, il y trouvera des restes d'êtres tout différents.

Ce que la Nouvelle-Hollande serait, dans la supposition que nous venons de faire, l'Europe, la Sibérie, une grande partie de l'Amérique, le

sont effectivement; et peut-être trouvera-t-on
un jour, quand on examinera les autres contrées et la Nouvelle-Hollande elle-même, qu'elles
ont toutes éprouvé des révolutions semblables,
je dirais presque des échanges mutuels de productions; car, poussons la supposition plus
loin, après ce transport des animaux asiatiques
dans la Nouvelle-Hollande, admettons une seconde révolution qui détruise l'Asie, leur patrie primitive : ceux qui les observeraient dans
la Nouvelle-Hollande, leur seconde patrie, seraient tout aussi embarrassés de savoir d'où ils
seraient venus, qu'on peut l'être maintenant
pour trouver l'origine des nôtres.

J'applique cette manière de voir à l'espèce
humaine.

Il est certain qu'on n'a pas encore trouvé d'os
humains parmi les fossiles; et c'est une preuve
de plus que les races fossiles n'étaient point des
variétés, puisqu'elles n'avaient pu subir l'influence de l'homme.

Je dis que l'on n'a jamais trouvé d'os humains
parmi les fossiles, bien entendu parmi les fos-

Il n'y a point d'os humains fossiles.

siles proprement dits, ou, en d'autres termes,
dans les couches régulières de la surface du
globe; car dans les tourbières, dans les alluvions, comme dans les cimetières, on pourrait
aussi bien déterrer des os humains que des os
de chevaux ou d'autres espèces vulgaires; il
pourrait s'en trouver également dans des fentes
de rocher, dans des grottes où la stalactite se
serait amoncelée sur eux; mais dans les lits qui
recèlent les anciennes races, parmi les palæothériums, et même parmi les éléphants et les
rhinocéros, on n'a jamais découvert le moindre
ossement humain. Il n'est guère, autour de
Paris, d'ouvriers qui ne croient que les os dont
nos plâtrières fourmillent sont en grande partie
des os d'hommes; mais comme j'ai vu plusieurs
milliers de ces os, il m'est bien permis d'affir-
mer qu'il n'y en a jamais eu un seul de notre
espèce. J'ai examiné à Pavie les groupes d'ossements rapportés par Spallanzani, de l'île de Cé-
rigo; et, malgré l'assertion de cet observateur
célèbre, j'affirme également qu'il n'y en a aucun dont on puisse soutenir qu'il est humain.
L'*homo diluvii testis* de Scheuchzer a été replacé,

dès ma première édition, à son véritable genre,
qui est celui des salamandres; et dans un examen que j'en ai fait depuis à Harlem, par la
complaisance de M. Van Marum, qui m'a permis de découvrir les parties cachées dans la
pierre, j'ai obtenu la preuve complète de ce
que j'avais annoncé. On voit, parmi les os trouvés à Canstadt, un fragment de mâchoire et
quelques ouvrages humains; mais on sait que
le terrain fut remué sans précaution, et que
l'on ne tint point note des diverses hauteurs
où chaque chose fut découverte. Partout ailleurs les morceaux donnés pour humains se
sont trouvés, à l'examen, de quelque animal,
soit qu'on les ait examinés en nature ou simplement en figures. Tout nouvellement encore
on a prétendu en avoir découvert à Marseille
dans une pierre long-temps négligée (1):
c'étaient des empreintes de tuyaux marins (2).

---

(1) Voyez le Journal de Marseille et des Bouches-du-
Rhône, des 27 sept., 25 oct. et 1er nov. 1820.

(2) Je m'en suis assuré par les dessins que m'en a envoyés
M. Cottard, aujourd'hui recteur de l'Académie d'Aix.

Les véritables os d'hommes étaient des cadavres
tombés dans des fentes ou restés en d'anciennes
galeries de mines, ou enduits d'incrustation ; et
j'étends cette assertion jusqu'aux squelettes humains découverts à la Guadeloupe dans une roche formée de parcelles de madrépores rejetées
par la mer et unies par un suc calcaire (1). Les

---

(1) Ces squelettes plus ou moins mutilés se trouvent
près du port du Moule, à la côte nord–ouest de la grande
terre de la Guadeloupe, dans une espèce de glacis appuyé
contre les bords escarpés de l'île, que l'eau recouvre en
grande partie à la haute mer, et qui n'est qu'un tuf formé et journellement accru par les débris très–menus de
coquillages et de coraux que les vagues détachent des
rochers, et dont l'amas prend une grande cohésion dans
les endroits qui sont plus souvent à sec. On reconnaît à
la loupe que plusieurs de ces fragments ont la même
teinte rouge qu'une partie des coraux contenus dans les
récifs de l'île. Ces sortes de formations sont communes
dans tout l'Archipel des Antilles, où les nègres les connaissent sous le nom de *Maçonne-bon-dieu*. Leur accroissement est d'autant plus rapide, que le mouvement des
eaux est plus violent. Elles ont étendu la plaine des Cayes
à Saint-Domingue, dont la situation a quelque analogie

os humains trouvés près de Kœstriz, et indiqués par M. de Schlotheim, avaient été an-

---

avec la plage du Moule, et l'on y trouve quelquefois des
débris de vases et d'autres ouvrages humains à vingt pieds
de profondeur. On a fait mille conjectures, et même
imaginé des événements pour expliquer ces squelettes de
la Guadeloupe; mais, d'après toutes ces circonstances,
M. Moreau de Jonnès, correspondant de l'Académie des
Sciences, qui a été sur les lieux, et à qui je dois tout le
détail ci-dessus, pense que ce sont simplement des cadavres de personnes qui ont péri dans quelque naufrage.
Ils furent découverts en 1805 par M. Manuel Cortès y
Campomanès, alors officier d'état-major, de service dans
la colonie. Le général Ernouf, gouverneur, en fit extraire un avec beaucoup de peine, auquel il manquait
la tête et presque toutes les extrémités supérieures : on
l'avait déposé à la Guadeloupe, et on attendait d'en
avoir un plus complet pour les envoyer ensemble à Paris, lorsque l'île fut prise par les Anglais. L'amiral Co-
chrane ayant trouvé ce squelette au quartier général,
l'envoya à l'amirauté anglaise, qui l'offrit au Muséum
britannique. Il est encore dans cette collection où M. Kœnig, conservateur de la partie minéralogique, l'a décrit
pour les Trans. phil. de 1814, et où je l'ai vu en 1818.
M. Kœnig fait observer que la pierre où il est engagé n'a

noncés comme tirés de bancs très-anciens; mais
ce savant respectable s'est empressé de faire

---

point été taillée, mais qu'elle semble avoir été simplement insérée, comme un noyau distinct, dans la masse
environnante. Le squelette y est tellement superficiel,
qu'on a dû s'apercevoir de sa présence à la saillie de
quelques-uns de ses os. Ils contiennent encore des parties animales et tout leur phosphate de chaux. La gangue, toute formée de parcelles de coraux et de pierre
calcaire compacte, se dissout promptement dans l'acide
nitrique. M. Kœnig y a reconnu des fragments de mil-
lepora miniacea, de quelques madrépores, et de coquilles qu'il compare à l'hélix acuta et au turbo pica. Plus
nouvellement, le général Donzelot a fait extraire un autre de ces squelettes que l'on voit au cabinet du roi, et
dont nous donnons la figure, planche 1. C'est un corps
qui a les genoux reployés. Il y reste quelque peu de la
mâchoire supérieure, la moitié gauche de l'inférieure,
presque tout un côté du tronc et du bassin, et une grande
partie de l'extrémité supérieure et de l'extrémité inférieure gauches. La gangue est sensiblement un travertin
dans lequel sont enfouies des coquilles de la mer voisine,
et des coquilles terrestres qui vivent encore aujourd'hui
dans l'île, nommément le *bulimus guadalupensis* de Fé-
russac.

connaître combien cette assertion est encore sujette au doute (1). Il en est de même des objets de fabrication humaine. Les morceaux de fer trouvés à Montmartre sont des broches que les ouvriers emploient pour mettre la poudre, et qui cassent quelquefois dans la pierre (2).

On a fait grand bruit il y a quelques mois de certains fragments humains, trouvés dans des cavernes à ossements de nos provinces méridionales, mais il suffit qu'ils aient été trouvés dans des cavernes pour qu'ils rentrent dans la règle.

---

(1) Voyez le Traité des Pétrifications de M. de Schlotheim, Gotha, 1820, pag. 57; et sa lettre dans l'Isis de 1820, huitième cahier, supplément n° 6.

(2) Il n'est pas sans doute nécessaire que je parle de ces fragments de grès dont on a cherché à faire quelque bruit il y a quelques années (en 1824), et où l'on prétendait voir un homme et un cheval pétrifiés. Cette seule circonstance, que c'était d'un homme et d'un cheval avec leur chair et leur peau qu'ils devaient offrir la représentation, aurait dû faire comprendre à tout le monde qu'il ne pouvait s'agir que d'un jeu de la nature et non d'une pétrification véritable.

Cependant les os humains se conservent aussi bien que ceux des animaux, quand ils sont dans les mêmes circonstances. On ne remarque en Égypte nulle différence entre les momies humaines et celles de quadrupèdes. J'ai recueilli, dans des fouilles faites, il y a quelques années, dans l'ancienne église de Sainte-Geneviève, des os humains enterrés sous la première race, qui pouvaient même appartenir à quelques princes de la famille de Clovis, et qui ont encore très-bien conservé leurs formes (1). On ne voit pas dans les champs de bataille que les squelettes des hommes soient plus altérés que ceux des chevaux, si l'on défalque l'influence de la grandeur; et nous trouvons, parmi les fossiles, des animaux aussi petits que le rat encore parfaitement conservés.

Tout porte donc à croire que l'espèce humaine n'existait point dans les pays où se découvrent les os fossiles, à l'époque des révolutions qui ont enfoui ces os; car il n'y aurait eu

---

(1) Feu Fourcroy en a donné une analyse. (Annales du Muséum, tom. x, pag. 1.)

aucune raison pour qu'elle échappât tout entière à des catastrophes aussi générales, et pour
que ses restes ne se retrouvassent pas aujour-
d'hui comme ceux des autres animaux : mais
je n'en veux pas conclure que l'homme n'existait point du tout avant cette époque. Il pouvait
habiter quelques contrées peu étendues, d'où
il a repeuplé la terre après ces événements
terribles ; peut-être aussi les lieux où il se tenait
ont-ils été entièrement abîmés, et ses os ensevelis au fond des mers actuelles, à l'exception
du petit nombre d'individus qui ont continué
son espèce. Quoi qu'il en soit, l'établissement
de l'homme dans les pays où nous avons dit
que se trouvent les fossiles d'animaux terrestres, c'est-à-dire dans la plus grande partie de
l'Europe, de l'Asie et de l'Amérique, est nécessairement postérieur non-seulement aux révolutions qui ont enfoui ces os, mais encore à
celles qui ont remis à découvert les couches
qui les enveloppent, et qui sont les dernières
que le globe ait subies : d'où il est clair que
l'on ne peut tirer ni de ces os eux-mêmes, ni
des amas plus ou moins considérables de pier-

res ou de terre qui les recouvrent, aucun argument en faveur de l'ancienneté de l'espèce
humaine dans ces divers pays.

Preuves phy-
iques de la
ouveauté de
état actuel des
ontinens.
Au contraire, en examinant bien ce qui s'est
passé à la surface du globe, depuis qu'elle a été
mise à sec pour la dernière fois, et que les continents ont pris leur forme actuelle au moins
dans leurs parties un peu élevées, l'on voit clairement que cette dernière révolution, et par
conséquent l'établissement de nos sociétés actuelles ne peuvent pas être très-anciens. C'est
un des résultats à la fois les mieux prouvés et
les moins attendus de la saine géologie; résultat d'autant plus précieux, qu'il lie d'une chaîne
non interrompue l'histoire naturelle et l'histoire civile.

En mesurant les effets produits dans un temps
donné par les causes aujourd'hui agissantes, et
en les comparant avec ceux qu'elles ont produits depuis qu'elles ont commencé d'agir, l'on
parvient à déterminer à peu près l'instant où
leur action a commencé, lequel est nécessairement le même que celui où nos continents

ont pris leur forme actuelle, ou que celui de la dernière retraite subite des eaux.

C'est en effet à compter de cette retraite que nos escarpements actuels ont commencé à s'é-bouler, et à former à leur pied des collines de débris; que nos fleuves actuels ont commencé à couler et à déposer leurs alluvions; que notre végétation actuelle a commencé à s'étendre et à produire du terreau; que nos falaises actuelles ont commencé à être rongées par la mer; que nos dunes actuelles ont commencé à être reje-tées par le vent; tout comme c'est de cette même époque que des colonies humaines ont commencé ou recommencé à se répandre, et à faire des établissements dans les lieux dont la nature l'a permis. Je ne parle point de nos vol-cans, non-seulement à cause de l'irrégularité de leurs éruptions, mais parce que rien ne prouve qu'ils n'aient pu exister sous la mer, et qu'ainsi l'on ne peut les faire servir à la mesure du temps qui s'est écoulé depuis sa dernière retraite.

MM. Deluc et Dolomieu sont ceux qui ont le

Atterrissements

plus soigneusement examiné la marche des atterrissements; et, quoique fort opposés sur un
grand nombre de points de la théorie de la
terre, ils s'accordent sur celui-là : les atterrissements augmentent très-vite; ils devaient
augmenter bien plus vite encore dans les com-
mencements, lorsque les montagnes fournissaient davantage de matériaux aux fleuves, et
cependant leur étendue est encore assez bornée.

Le Mémoire de Dolomieu, sur l'Égypte (1),
tend à prouver que, du temps d'Homère, la
langue de terre sur laquelle Alexandre fit bâtir
sa ville n'existait pas encore; que l'on pouvait
naviguer immédiatement de l'île du Phare dans
le golfe appelé depuis *lac Maréolis*, et que ce
golfe avait alors la longueur indiquée par Méné-
las, d'environ quinze à vingt lieues. Il n'aurait
donc fallu que les neuf cents ans écoulés entre
Homère et Strabon pour mettre les choses dans
l'état où ce dernier les décrit, et pour réduire
ce golfe à la forme d'un lac de six lieues de longueur. Ce qui est plus certain, c'est que, depuis

_____

(1) Journal de Physique, tom. XLII, pag. 40 et suiv.

lors, les choses ont encore bien changé. Les sables que la mer et le vent ont rejetés ont formé, entre l'île du Phare et l'ancienne ville, une langue de terre de deux cents toises de largeur, sur laquelle la nouvelle ville a été bâtie. Ils ont obstrué la bouche du Nil la plus voisine, et réduit à peu près à rien le lac Maréotis. Pendant ce temps les alluvions du Nil ont été déposées le long du reste du rivage, et l'ont immensément étendu.

Les anciens n'ignoraient pas ces changements. Hérodote dit que les prêtres d'Égypte regardaient leur pays comme un présent du Nil. Ce n'est, pour ainsi dire, ajoute-t-il, que depuis peu de temps que le Delta a paru (1). Aristote fait déjà observer qu'Homère parle de Thèbes comme si elle eût été seule en Égypte, et ne fait aucune mention de Memphis (2). Les bouches canopique et pelusiaque étaient autrefois les principales, et la côte s'étendait en ligne droite de l'une à l'autre; elle paraît encore ainsi dans

(1) Hérod. Euterpe, v et xv.
(2) Arist., Meteor., lib. 1, cap. 14.

les cartes de Ptolomée ; depuis lors l'eau s'est jetée dans les bouches bolbitine et phatnitique; c'est à leurs issues que se sont formés les plus grands atterrissements qui ont donné à la côte un contour demi-circulaire. Les villes de Rosette et de Damiette, bâties au bord de la mer sur ces bouches, il y a moins de mille ans, en sont aujourd'hui à deux lieues. Selon Demaillet, il n'aurait fallu que vingt-six ans pour prolonger d'une demi-lieue un cap en avant de Rosette (1).

L'élévation du sol de l'Égypte s'opère en même temps que cette extension de sa surface, et le fond du lit du fleuve s'élève dans la même proportion que les plaines adjacentes, ce qui fait que chaque siècle l'inondation dépasse de beaucoup les marques qu'elle a laissées dans les siècles précédents. Selon Hérodote, un espace de neuf cents ans avait suffi pour établir une différence de niveau de sept à huit coudées (2). A Éléphantine, l'inondation surmonte aujour-

(1) Demaillet. Description de l'Égypte, p. 102 et 103.
(2) Hérod. Euterpe, xiii.

d'hui de sept pieds les plus grandes hauteurs
qu'elle atteignait sous Septime-Sévère, au commencement du troisième siècle. Au Caire, pour
qu'elle soit jugée suffisante aux arrosements,
elle doit dépasser de trois pieds et demi la hauteur qui était nécessaire au neuvième siècle.
Les monuments antiques de cette terre célèbre
sont tous plus ou moins enfouis par leur base.
Le limon amené par le fleuve couvre même de
plusieurs pieds les monticules factices sur lesquels reposent les anciennes villes (1).

Le delta du Rhône n'est pas moins remarquable par ses accroissements. Astruc en donne
le détail dans son Histoire naturelle du Langue-

---

(1) Voyez les Observations sur la vallée d'Égypte et
sur l'exhaussement séculaire du sol qui la recouvre, par
M. Girard (grand ouvr. sur l'Égypte, ét. mod. Mém.,
tom. II, pag. 343). Sur quoi nous ferons encore remarquer que Dolomieu, Shaw, et d'autres auteurs respecta-
bles, estimaient ces élévations séculaires beaucoup plus
haut que M. Girard. Il est fâcheux que nulle part on n'ait
essayé d'examiner quelle épaisseur ont aujourd'hui ces
terrains au-dessus du sol primitif, du roc naturel.

doc; et, par une comparaison soignée des descriptions de Méla, de Strabon et de Pline, avec l'état des lieux au commencement du dix-huitième siècle, il prouve, en s'appuyant de plusieurs écrivains du moyen âge, que les bras du Rhône se sont allongés de trois lieues depuis dix-huit cents ans; que des atterrissements semblables se sont faits à l'ouest du Rhône, et que nombre d'endroits, situés encore, il y a six et huit cents ans au bord de la mer ou des étangs, sont aujourd'hui à plusieurs milles dans la terre ferme.

Chacun peut apprendre, en Hollande et en Italie, avec quelle rapidité le Rhin, le Pô, l'Arno, aujourd'hui qu'ils sont ceints par des digues, élèvent leur fond; combien leur embouchure avance dans la mer en formant de longs promontoires à ses côtés, et juger par ces faits du peu de siècles que ces fleuves ont employés pour déposer les plaines basses qu'ils traversent maintenant.

Beaucoup de villes qui, à des époques bien connues de l'histoire, étaient des ports de mer florissants, sont aujourd'hui à quelques lieues dans les terres ; plusieurs même ont été ruinées par suite de ce changement de position. Venise a peine à maintenir les lagunes qui la séparent du continent ; et, malgré tous ses efforts, elle sera inévitablement un jour liée à la terre ferme (1).

On sait, par le témoignage de Strabon, que, du temps d'Auguste, Ravenne était dans les lagunes comme y est aujourd'hui Venise ; et à présent Ravenne est à une lieue du rivage. Spina avait été fondée au bord de la mer par les Grecs, et, dès le temps de Strabon, elle en était à quatre-vingt-dix stades : aujourd'hui elle est détruite. Adria en Lombardie, qui avait donné son nom à la mer, dont elle était, il y a vingt et quelques siècles, le port principal, en est maintenant à six lieues. Fortis a même rendu vraisemblable qu'à une époque plus ancienne, les monts Euganéens pourraient avoir été des îles.

---

(1) Voyez le Mémoire de M. Forfait, sur les lagunes de Venise. (Mém. de la Classe physique de l'Institut, tom. v, pag. 213.)

Mon savant confrère à l'Institut, M. de Prony, inspecteur général des ponts et chaussées, m'a communiqué des renseignements bien précieux pour l'explication de ces changements du littoral de l'Adriatique (1). Ayant été chargé par le gouvernement d'examiner les remèdes que

---

(1) Extrait des Recherches de M. DE PRONY sur le Système hydraulique de l'Italie.

Déplacement de la partie du rivage de l'Adriatique occupée par les bouches du Pô.

La partie du rivage de l'Adriatique comprise entre les extrémités méridionales du lac ou des lagunes de *Comacchio* et des lagunes de Venise, a subi, depuis les temps antiques, des changements considérables, attestés par les témoignages des auteurs les plus dignes de foi, et que l'état actuel du sol, dans les pays situés près de ce rivage, ne permet pas de révoquer en doute; mais il est impossible de donner, sur les progrès successifs de ces changements, des détails exacts, et surtout des mesures précises pour des époques antérieures au douzième siècle de notre ère.

On est cependant assuré que la ville de *Hatria*, actuellement *Adria*, était autrefois sur les bords de la mer; et

l'on pourrait appliquer aux dévastations qu'oc-
casionnent les crues du Pô, il a constaté que cette
rivière, depuis l'époque où on l'a enfermée de
digues, a tellement élevé son fond, que la surface de ses eaux est maintenant plus haute que
les toits des maisons de Ferrare; en même temps

---

voilà un point fixe et connu du rivage primitif, dont la
plus courte distance au rivage actuel, pris à l'embouchure de l'Adige, est de vingt-cinq mille mètres (*). Les
habitants de cette ville ont, sur son antiquité, des pré-
tentions exagérées en bien des points; mais on ne peut
nier qu'elle ne soit une des plus anciennes de l'Italie:
elle a donné son nom à la mer qui baigna ses murs. On a
reconnu, par quelques fouilles faites dans son intérieur
et dans ses environs, l'existence d'une couche de terre
parsemée de débris de poteries étrusques, sans mélange
d'aucun ouvrage de fabrique romaine : l'étrusque et le
romain se trouvent mêlés dans une couche supérieure,
sur laquelle on a découvert les vestiges d'un théâtre;
l'une et l'autre couche sont fort abaissées au dessous du
sol actuel; et j'ai vu à Adria des collections curieuses,

(*) On verra bientôt que la pointe du promontoire d'alluvions, formée par le Pô, est plus avancée dans la mer de dix mille mètres environ que l'embouchure de l'Adige.

ses atterrissements ont avancé dans la mer avec
tant de rapidité, qu'en comparant d'anciennes

---

où les monuments qu'elles renferment sont classés et séparés. Le prince vice-roi, à qui je fis observer, il y a
quelques années, combien il serait intéressant pour l'histoire et la géologie de s'occuper en grand du travail des
fouilles d'Adria, et de déterminer les hauteurs par rapport à la mer, tant du sol primitif que des couches successives d'alluvions, goûta fort mes idées à cet égard:
j'ignore si mes propositions ont eu quelque suite.

En suivant le rivage, à partir d'*Hatria,* qui était située dans le fond d'un petit golfe, on trouvait au sud
un rameau de l'*Athesis* (l'Adige), et les *Fosses Philisti-
nes,* dont la trace répond à celle que pourraient avoir le
Mincio et le Tartaro réunis, si le Pô coulait encore au
sud de Ferrare; puis venait le *Delta Venetum,* qui paraît avoir occupé la place où se trouve le lac ou la lagune
de Comacchio. Ce Delta était traversé par sept bouches de l'*Eridanus,* autrement *Vadis, Padus* ou *Podin-
cus,* qui avait sur sa rive gauche, au point de dirama-
tion de ces bouches, la ville de *Trigopolis,* dont la
position doit être peu éloignée de celle de Ferrare. Sept
lacs renfermés dans le Delta prenaient le nom de *Septem
Maria,* et *Hatria* est quelquefois appelée *Urbs Septem
Marium.*

cartes avec l'état actuel, on voit que le rivage a gagné plus de six mille toises depuis 1604; ce

En remontant le rivage du côté du nord, à partir d'*Hatria*, on trouvait l'embouchure principale de l'*Athesis*, appelée aussi *Fossa Philistina*, puis l'*Æstuarium Altini*, mer intérieure, séparée de la grande par une ligne d'îlots, au milieu de laquelle se trouvait un petit archipel d'autres îlots, appelé *Rialtum;* c'est sur ce petit archipel qu'est maintenant située Venise : l'*Æstuarium Altini* est la lagune de Venise qui ne communique plus avec la mer que par cinq passes, les îlots ayant été réunis pour former une digue continue.

A l'est des lagunes et au nord de la ville d'*Este* se trouvent les monts *Euganéens,* formant, au milieu d'une vaste plaine d'alluvions, un groupe isolé et remarquable de pitons, dans les environs duquel on place le lieu de la fameuse chute de Phaéton. Quelques auteurs prétendent que des masses énormes de matières enflammées, lancées par des explosions volcaniques dans les bouches de l'Éridan, ont donné lieu à cette fable. Il est bien vrai qu'on trouve aux environs de Padoue et de Vérone beaucoup de produits que plusieurs croient volcaniques.

Les renseignements que j'ai recueillis sur le gisement de la côte de l'Adriatique aux bouches du Pô, commencent au douzième siècle à avoir quelque précision : à cette

qui fait cent cinquante ou cent quatre-vingts
pieds, et en quelques endroits deux cents pieds

époque toutes les eaux du Pô coulaient au sud de Ferrare
dans le *Pó di Volano* et le *Pó di Primaro*, diramations
qui embrassaient l'espace occupé par la *lagune de Comacchio*. Les deux bouches dans lesquelles le Pô a ensuite
fait une irruption au nord de Ferrare, se nommaient,
l'une, fiume *di Corbola*, ou *di Longola*, ou *del Mazorno*;
l'autre, fiume *Toi*. La première, qui était la plus septentrionale, recevait près de la mer le *Tartaro* ou canal
Bianco : la seconde était grossie à Ariano par une déri-
vation du Pô, appelée fiume *Goro*.

Le rivage de la mer était dirigé sensiblement du sud
au nord, à une distance de dix ou onze mille mètres du
méridien d'Adria; il passait au point où se trouve maintenant l'angle occidental de l'enceinte de la *Mesola*; et
Lorco, au nord de la Mesola, n'en était distant que
d'environ deux cents mètres.

Vers le milieu du douzième siècle les grandes eaux du
Pô passèrent au travers des digues qui les soutenaient du
côté de leur rive gauche, près de la petite ville de *Ficarolo*, située à dix-neuf mille mètres au nord-ouest de
Ferrare, se répandirent dans la partie septentrionale du
territoire de Ferrare et dans la Polésine de Rovigo, et
coulèrent dans les deux canaux ci-dessus mention-

par an. L'Adige et le Pô sont aujourd'hui plus élevés que tout le terrain qui leur est intermé-

---

nés de Mazorno et de Toi. Il paraît bien constaté que le travail des hommes a beaucoup contribué à cette diversion des eaux du Pô : les historiens qui ont parlé de ce fait remarquable, ne diffèrent entre eux que par quelques détails. La tendance du fleuve à suivre les nouvelles routes qu'on lui avait tracées, devenant de jour en jour plus énergique, ses deux branches du *Volano* et du *Primaro* s'appauvrirent rapidement, et furent, en moins d'un siècle, réduites à peu près à l'état où elles sont aujourd'hui. Le régime du fleuve s'établissait entre l'embouchure de l'Adige et le point appelé aujourd'hui *Porto di Goro*; les deux canaux dont il s'était d'abord emparé étant devenus insuffisants, il s'en creusa de nouveaux; et au commencement du dix-septième siècle sa bouche principale, appelée *Sbocco di Tramontana*, se trouvant très-rapprochée de l'embouchure de l'Adige, ce voisinage alarma les Vénitiens, qui creusèrent, en 1604, le nouveau lit appelé *Taglio di Porto Viro* ou *Po delle Fornaci*, au moyen duquel la *Bocca Maestra* se trouva écartée de l'Adige du côté du midi.

Pendant les quatre siècles écoulés depuis la fin du douzième siècle jusqu'à la fin du seizième, les alluvions du Pô ont gagné sur la mer une étendue considérable. La bou-

diaire; et ce n'est qu'en leur ouvrant de nouveaux lits dans les parties basses qu'ils ont dé-

---

che du nord, celle qui s'était emparée du canal de Mazorno, et formait le *Ramo di Tramontana*, était, en 1600, éloignée de vingt mille mètres du méridien d'Adria; et la bouche du Sud, celle qui avait envahi le canal Toi, était à la même époque à dix-sept mille mètres de ce méridien; ainsi le rivage se trouvait reculé de neuf ou dix mille mètres au nord, et de six ou sept mille mètres au midi. Entre les deux bouches dont je viens de parler, se trouvait une anse ou partie du rivage moins avancée, qu'on appelait *Sacca di Goro.*

Les grands travaux de diguement du fleuve, et une partie considérable des défrichements des revers méridionaux des Alpes, ont eu lieu dans cet intervalle du treizième au dix-septième siècle.

Le Taglio di Porto Viro détermina la marche des alluvions dans l'axe du vaste promontoire que forment actuellement les bouches du Pô. A mesure que les issues à la mer s'éloignaient, la quantité annuelle de dépôts s'accroissait dans une proportion effrayante, tant par la diminution de la pente des eaux (suite nécessaire de l'allongement du lit), que par l'emprisonnement de ces eaux entre des digues, et par la facilité que les défrichements donnaient aux torrents affluents pour entraîner dans la

posées autrefois, que l'on pourra prévenir les désastres dont ils les menacent maintenant.

---

plaine le sol des montagnes. Bientôt l'anse de Sacca di Goro fut comblée, et les deux promontoires formés par les deux premières bouches se réunirent en un seul, dont la pointe actuelle se trouve à trente-deux ou trente-trois mille mètres du méridien d'Adria ; en sorte que, pendant deux siècles, les bouches du Pô ont gagné environ quatorze mille mètres sur la mer.

Il résulte des faits dont je viens de donner un exposé rapide, 1° qu'à des époques antiques, dont la date précise ne peut pas être assignée, la mer Adriatique baignait les murs d'Adria.

2° Qu'au douzième siècle, avant qu'on eût ouvert à Ficarolo une route aux eaux du Pô sur leur rive gauche, le rivage de la mer s'était éloigné d'Adria de neuf à dix mille mètres.

3° Que les pointes des promontoires formés par les deux principales bouches du Pô se trouvaient, en l'an 1600, avant le Taglio di Porto Viro, à une distance moyenne de dix-huit mille cinq cents mètres d'Adria, ce qui, depuis l'an 1200, donne une marche d'alluvions de vingt-cinq mètres par an.

4° Que la pointe du promontoire unique formé par les bouches actuelles, est éloignée d'environ trente-deux ou

Les mêmes causes ont produit les mêmes effets le long des branches du Rhin et de la Meuse; et c'est ainsi que les cantons les plus riches de la Hollande ont continuellement le spectacle effrayant de fleuves suspendus à vingt et trente pieds au-dessus de leur sol.

M. Wiebeking, directeur des ponts et chaussées du royaume de Bavière, a écrit un Mémoire sur cette marche des choses, si importante à bien connaître pour les peuples et pour les gouvernements, où il montre que cette propriété d'élever leur fond appartient plus ou moins à tous les fleuves.

Les atterrissements le long des côtes de la mer du Nord n'ont pas une marche moins rapide qu'en Italie. On peut les suivre aisément en Frise et dans le pays de Groningue, où l'on

---

trente-trois mille mètres du méridien d'Adria; d'où on conclut une marche moyenne des alluvions d'environ soixante-dix mètres par an pendant ces deux derniers siècles, marche qui, rapportée à des époques plus éloignées, se trouverait être beaucoup plus rapide.

DE PRONY.

connaît l'époque des premières digues construites par le gouverneur espagnol Gaspar Ro-
blès, en 1570. Cent ans après l'on avait déjà
gagné, en quelques endroits, trois quarts de
lieue de terrain en dehors de ces digues ; et la
ville même de Groningue, bâtie en partie sur
l'ancien sol, sur un calcaire qui n'appartient
point à la mer actuelle, et où l'on trouve les
mêmes coquilles que dans notre calcaire grossier des environs de Paris, la ville de Groningue n'est qu'à six lieues de la mer. Ayant été
sur les lieux, je puis confirmer, par mon propre témoignage, des faits d'ailleurs très-con-
nus, et dont M. Deluc a déjà fort bien exposé
la plus grande partie (1). On pourrait observer
le même phénomène, et avec la même précision, tout le long des côtes de l'Ost-Frise,
du pays de Brême et du Holstein, parce que
l'on connaît les époques où les nouveaux terrains furent enceints pour la première fois, et

_____

(1) Dans différents endroits des deux derniers volumes
de ses Lettres à la reine d'Angleterre.

que l'on peut y mesurer ce que l'on a gagné depuis.

Cette lisière, d'une admirable fertilité, formée par les fleuves et par la mer, est pour ces pays un don d'autant plus précieux, que l'ancien sol, couvert de bruyères et de tourbières, se refuse presque partout à la culture ; les alluvions seules fournissent à la subsistance des villes peuplées, construites tout le long de cette côte depuis le moyen âge, et qui ne seraient peut-être pas arrivées à ce degré de splendeur sans les riches terrains que les fleuves leur avaient préparés, et qu'ils augmentent continuellement.

Si la grandeur qu'Hérodote attribue à la mer d'Azof, qu'il fait presque égale à l'Euxin (1), était exprimée en termes moins vagues, et si l'on savait bien ce qu'il a entendu par le Gerrhus (2), nous y trouverions encore de fortes preuves des changements produits par les fleu-

_____

(1) Melpom., LXXXVI.
(2) *Ibid.*, LVI.

ves, et de leur rapidité; car les alluvions des
rivières auraient pu seules (1), depuis cette
époque, c'est-à-dire depuis deux mille deux
ou trois cents ans, réduire la mer d'Azof
comme elle l'est, fermer le cours de ce Gerrhus, ou de cette branche du Dniéper qui se
serait jetée dans l'Hypacyris, et avec lui dans
le golfe Carcinites ou d'Olu-Degnitz, et réduire
à peu près à rien l'Hypacyris lui-même (2).
On en aurait de non moins fortes s'il était bien
certain que l'Oxus ou Sihoun, qui se jette

---

(1) On a aussi voulu attribuer cette diminution suppo-
sée de la mer Noire et de la mer d'Azof à la rupture du
Bosphore qui serait arrivée à l'époque prétendue du déluge de Deucalion; et cependant, pour établir le fait
lui-même, on s'appuie des diminutions successives de
l'étendue attribuée à ces mers dans Hérodote, dans Strabon, etc. Mais il est trop évident que si cette diminution
était venue de la rupture du Bosphore, elle aurait dû être
complète long-temps avant Hérodote, et dès l'époque
même où l'on place Deucalion.

(2) Voyez la Géographie d'Hérodote de M. Rennel,
p. 56 et suivantes, et une partie de l'ouvrage de M. Dureau de Lamalle, intitulé Géographie physique de la mer

maintenant dans le lac d'Aral, tombait autrefois dans la mer Caspienne; mais nous avons près de nous des faits assez démonstratifs pour n'en point alléguer d'équivoques, et ne pas nous exposer à faire de l'ignorance des anciens en géographie la base de nos propositions physiques (1).

Marche des unes.

Nous avons parlé ci-dessus des dunes, ou de ces monticules de sable que la mer rejette sur

---

Noire, etc. Il n'y a aujourd'hui que la très-petite rivière de Kamennoipost qui puisse représenter le Gerrhus et l'Hypacyris tels qu'ils sont décrits par Hérodote.

N. B. M. Dureau, pag. 170, attribue à Hérodote d'avoir fait déboucher le Borysthène et l'Hypanis dans le Palus-Méotide; mais Hérodote dit seulement (Melpom., LIII) que ces deux fleuves se jettent ensemble dans le même lac, c'est-à-dire dans le Liman, comme aujourd'hui. Hérodote n'y fait pas aller davantage le Gerrhus et l'Hypacyris.

(1) Par exemple, M. Dureau de Lamalle, dans sa Géographie physique de la mer Noire, cite Aristote (Meteor., l. 1, c. 13) comme « nous apprenant que de son temps « il existait encore plusieurs périodes et périples anciens

les côtes basses quand son fond est sablonneux. Partout où l'industrie de l'homme n'a
pas su les fixer, ces dunes avancent dans les
terres aussi irrésistiblement que les alluvions
des fleuves avancent dans la mer; elles poussent devant elles des étangs formés par les
eaux pluviales du terrain qu'elles bordent, et
dont elles empêchent la communication avec
la mer, et leur marche a dans beaucoup d'endroits une rapidité effrayante. Forêts, bâti-

---

« attestant qu'il y avait un canal conduisant de la mer
« Caspienne dans le Palus-Méotide. » Or, voici à quoi
se réduisent les paroles d'Aristote à l'endroit cité (édition de Duval, 1, 545, B.) : « Du Paropamisus descen-
« dent, entre autres rivières, le Bactrus, le Choaspes et
« l'Araxe, d'où le Tanaïs, qui en est une branche, dé-
« rive dans le Palus-Méotide. » Qui ne voit que ce ga-
limatias, qui ne se fonde ni sur périples ni sur périodes,
n'est que l'idée étrange des soldats d'Alexandre, qui
prirent le Jaxarte ou Tanaïs de la Transoxiane pour le
Don ou Tanaïs de la Scythie. Arrien et Pline en font la
distinction; mais il paraît qu'elle n'était pas faite du
temps d'Aristote. Et comment vouloir tirer des documents géologiques de pareils géographes?

ments, champs cultivés, elles envahissent tout.

Celles du golfe de Gascogne (1) ont déjà couvert un grand nombre de villages mentionnés dans des titres du moyen âge ; et en ce moment, dans le seul département des Landes, elles en menacent dix d'une destruction inévitable. L'un de ces villages, celui de Mimisan, lutte depuis vingt ans contre elles, et une dune de plus de soixante pieds d'élévation s'en approche, pour ainsi dire, à vue d'œil. En 1802, les étangs ont envahi cinq belles métairies dans celui de Saint-Julien (2); ils ont couvert depuis long-temps une ancienne chaussée romaine qui conduisait de Bordeaux à Bayonne, et que l'on voyait encore il y a quarante ans quand les eaux étaient basses (3). L'Adour, qui, à des époques connues, passait au vieux Boucaut, et se jetait dans la mer au

---

(1) Voyez le Rapport sur les Dunes du golfe de Gascogne, par M. Tassin. Mont-de-Marsan, an x.

(2) Mémoire de M. Bremontier, sur la fixation des dunes.

(3) Tassin, loc. cit.

cap Breton, est maintenant détourné de plus
de mille toises.

Feu M. Bremontier, inspecteur des ponts et
chaussées, qui a fait de grands travaux sur les
dunes, estimait leur marche à soixante pieds
par an, et dans certains points à soixante-
douze. Il ne leur faudrait, selon ses calculs,
que deux mille ans pour arriver à Bordeaux;
et, d'après leur étendue actuelle, il doit y en
avoir un peu plus de quatre mille qu'elles ont
commencé à se former (1).

Le recouvrement des terrains cultivables de
l'Égypte par les sables stériles de la Libye qu'y
jette le vent d'ouest, est un phénomène du
même genre que les dunes. Ces sables ont envahi un nombre de villes et de villages dont
les ruines paraissent encore, et cela depuis la
conquête du pays par les Mahométans, puisqu'on voit percer au travers du sable les som-
mités des minarets de quelques mosquées (2):
avec une marche si rapide, ils auraient sans

(1) Voyez le Mémoire de M. Bremontier.
(2) Denon. Voyage en Égypte.

doute rempli les parties étroites de la vallée; s'il y avait tant de siècles qu'ils eussent commencé à y être jetés (1), il ne resterait plus rien entre la chaîne libyque et le Nil. C'est encore là un chronomètre dont il serait aussi facile qu'intéressant d'obtenir la mesure.

Tourbières et oulements.

'Les tourbières produites si généralement dans le nord de l'Europe, par l'accumulation des débris de sphagnum et d'autres mousses aquatiques, donnent aussi une mesure du temps; elles s'élèvent dans des proportions déterminées pour chaque lieu; elles enveloppent ainsi les petites buttes des terrains sur lesquels elles se forment; plusieurs de ces buttes ont été enterrées de mémoire d'hommes. En d'autres endroits la tourbière descend le long des vallons; elle avance comme les glaciers; mais les glaciers se fondent par leur bord inférieur, et la tourbière n'est arrêtée par rien : en la sondant jusqu'au terrain solide, on juge de

_____

(1) Nous pouvons citer ici tous les voyageurs qui ont parcouru la lisière occidentale de l'Égypte.

son ancienneté, et l'on trouve, pour les tourbières comme pour les dunes, qu'elles ne
peuvent remonter à une époque indéfiniment
reculée. Il en est de même pour les éboulements qui se font avec une rapidité prodigieuse
au pied de tous les escarpements, et qui sont
encore bien loin de les avoir couverts ; mais,
comme l'on n'a pas encore appliqué de mesures précises à ces deux sortes de causes, nous
n'y insisterons pas davantage (1).

Toujours voyons-nous que partout la nature
nous tient le même langage ; partout elle nous

---

(1) Ces phénomènes sont très-bien exposés dans les
Lettres de M. Deluc à la reine d'Angleterre, aux endroits où il décrit les tourbières de la Westphalie ; et
dans ses Lettres à Lametherie, insérées dans le Journal
de Physique de 1791, etc.; ainsi que dans celles qu'il a
adressées à M. Blumenbach, et que l'on a imprimées en
français, en un volume. Paris, 1798. On peut y ajouter
les détails pleins d'intérêt qu'il donne dans ses Voyages
géologiques, tom. 1, sur les îles de la côte ouest du du-
ché de Sleswik, et la manière dont elles ont été réunies,
soit entre elles, soit avec le continent, par des alluvions
et des tourbières, ainsi que sur les irruptions qui de

dit que l'ordre actuel des choses ne remonte
pas très-haut; et, ce qui est bien remarquable,
partout l'homme nous parle comme la nature,
soit que nous consultions les vraies traditions des peuples, soit que nous examinions
leur état moral et politique, et le développement intellectuel qu'ils avaient atteint au moment où commencent leurs monuments authentiques.

L'histoire des
peuples confir-
me la nou-
veauté des con-
tinents.

En effet, bien qu'au premier coup d'œil les
traditions de quelques anciens peuples, qui
reculaient leur origine de tant de milliers de
siècles, semblent contredire fortement cette
nouveauté du monde actuel, lorsqu'on examine

---

temps en temps en ont détruit ou séparé quelques parties.

Quant aux éboulements, M. Jameson, dans une note
de la traduction anglaise de ce discours, en cite un exemple remarquable pris des roches escarpées dites *Salis-
bury-Craig*, près d'Édimbourg. Bien que d'une hauteur
médiocre, leur face abrupte et verticale n'est point encore cachée par la masse de débris qui s'accumule à leur
pied, et qui cependant augmente chaque année.

de plus près ces traditions, on n'est pas long-
temps à s'apercevoir qu'elles n'ont rien d'historique : on est bientôt convaincu, au contraire, que la véritable histoire, et tout ce
qu'elle nous a conservé de documents positifs
sur les premiers établissements des nations,
confirme ce que les monuments naturels avaient
annoncé.

La chronologie d'aucun de nos peuples d'Occident ne remonte, par un fil continu, à plus
de trois mille ans. Aucun d'eux ne peut nous
offrir avant cette époque ni même deux ou
trois siècles depuis, une suite de faits liés ensemble avec quelque vraisemblance. Le nord
de l'Europe n'a d'histoire que depuis sa conversion au christianisme. L'histoire de l'Espagne, de la Gaule, de l'Angleterre, ne date
que des conquêtes des Romains; celle de l'I-
talie septentrionale, avant la fondation de
Rome, est aujourd'hui à peu près inconnue.
Les Grecs avouent ne posséder l'art d'écrire
que depuis que les Phéniciens le leur ont en-
seigné il y a trente-trois ou trente-quatre
siècles; long-temps encore depuis, leur his-

toire est pleine de fables, et ils ne font pas remonter à trois cents ans plus haut les premiers
vestiges de leur réunion en corps de peuples.
Nous n'avons de l'histoire de l'Asie occidentale
que quelques extraits contradictoires qui ne
vont, avec un peu de suite, qu'à vingt-cinq
siècles (1), et en admettant ce qu'on en rapporte de plus ancien, avec quelques détails historiques, on s'élèverait à peine à quarante (2).

Le premier historien profane dont il nous
reste des ouvrages, Hérodote, n'a pas deux mille
trois cents ans d'ancienneté (3). Les historiens
antérieurs qu'il a pu consulter ne datent pas
d'un siècle avant lui (4). On peut même juger

---

(1) A Cyrus, environ six cent cinquante ans avant
Jésus-Christ.

(2) A Ninus, environ deux mille trois cent quarante-
huit ans avant Jésus-Christ, selon Ctésias et ceux qui
l'ont suivi; mais seulement mille deux cent cinquante
selon Volney, d'après Hérodote.

(3) Hérodote vivait quatre cent quarante ans avant
Jésus-Christ.

(4) Cadmus, Phérécyde, Aristée de Proconnèse, Acu-

de ce qu'ils étaient par les extravagances qui
nous restent, extraites d'Aristée de Proconnèse et de quelques autres.

Avant eux on n'avait que des poètes; et Homère, le plus ancien que l'on possède, Homère,
le maître et le modèle éternel de tout l'Occident, n'a précédé notre âge que de deux mille
sept cents ou deux mille huit cents ans.

Quand ces premiers historiens parlent des
anciens événements, soit de leur nation, soit
des nations voisines, ils ne citent que des traditions orales et non des ouvrages publics. Ce
n'est que long-temps après eux que l'on a
donné de prétendus extraits des annales égyptiennes, phéniciennes et babyloniennes. Bérose n'écrivit que sous le règne de Séleucus
Nicator, Hiéronyme que sous celui d'Antiochus
Soter, et Manéthon que sous le règne de Pto-
lémée Philadelphe. Ils sont tous les trois seulement du troisième siècle avant Jésus-Christ.

---

silaüs, Hécatée de Milet, Charon de Lampsaque, etc.
Voyez Vossius, *de Histor. græc.*, lib. 1, et surtout son
quatrième livre.

Que Sanchoniaton soit un auteur véritable ou
supposé, on ne le connaissait point avant que
Philon de Byblos en eût publié une traduction
sous Adrien, dans le second siècle après Jésus-
Christ, et quand on l'aurait connu, l'on n'y
aurait trouvé pour les premiers temps, comme
dans tous les auteurs de cette espèce, qu'une
théogonie puérile, ou une métaphysique tellement déguisée sous des allégories, qu'elle en
est méconnaissable.

Un seul peuple nous a conservé des annales
écrites en prose avant l'époque de Cyrus; c'est
le peuple juif.

La partie de l'Ancien-Testament que l'on
nomme *le Pentateuque*, existe sous sa forme
actuelle au moins depuis le schisme de Jéro-
boam, puisque les Samaritains la reçoivent comme les Juifs, c'est-à-dire qu'elle a maintenant,
à coup sûr, plus de deux mille huit cents ans.

Il n'y a nulle raison pour ne pas attribuer la
rédaction de la Genèse à Moïse lui-même, ce
qui la ferait remonter à cinq cents ans plus
haut, à trente-trois siècles; et il suffit de la
lire pour s'apercevoir qu'elle a été composée

en partie avec des morceaux d'ouvrages antérieurs : on ne peut donc aucunement douter
que ce ne soit l'écrit le plus ancien dont notre
occident soit en possession.

Or cet ouvrage, et tous ceux qui ont été faits
depuis, quelque étrangers que leurs auteurs
fussent et à Moïse et à son peuple, nous présentent les nations des bords de la Méditerranée
comme nouvelles ; ils nous les montrent encore demi-sauvages quelques siècles auparavant ; bien plus, ils nous parlent tous d'une
catastrophe générale, d'une irruption des eaux,
qui occasiona une régénération presque totale
du genre humain, et ils n'en font pas remonter l'époque à un intervalle bien éloigné.

Les textes du Pentateuque qui alongent le
plus cet intervalle ne le placent pas à plus de
vingt siècles avant Moïse, ni par conséquent
à plus de cinq mille quatre cents ans avant
nous (1).

_____

(1) Les Septante à cinq mille trois cent quarante-cinq ;
le texte samaritain à quatre mille huit cent soixante-neuf ;
le texte hébreu à quatre mille cent soixante-quatorze.

Les traditions poétiques des Grecs, sources de toute notre histoire profane pour ces époques reculées, n'ont rien qui contredise les annales des Juifs; au contraire, elles s'accordent admirablement avec elles, par l'époque qu'elles assignent aux colons égyptiens et phéniciens qui donnèrent à la Grèce les premiers germes de civilisation; on y voit que vers le même siècle où la peuplade israélite sortit d'Égypte pour porter en Palestine le dogme sublime de l'unité de Dieu, d'autres colons sortirent du même pays pour porter en Grèce une religion plus grossière, au moins à l'extérieur, quelles que fussent d'ailleurs les doctrines secrètes qu'elle réservait à ses initiés; tandis que d'autres encore venaient de Phénicie et enseignaient aux Grecs l'art d'écrire, et tout ce qui a rapport à la navigation et au commerce (1).

_____

(1) On sait que les chronologistes varient de plusieurs années sur chacun de ces événements; mais ces migrations n'en forment pas moins toutes ensemble le carac-

Il s'en faut sans doute beaucoup que l'on ait eu depuis lors une histoire suivie, puisque l'on place encore long-temps après ces fondateurs de colonies une foule d'événements mythologiques et d'aventures où des dieux et des héros interviennent, et qu'on ne lie ces chefs à l'histoire véritable que par des généalogies évidemment factices (1); mais ce qui est bien plus certain encore, c'est que tout ce qui avait

---

tère spécial et bien remarquable du quinzième et du seizième siècle avant Jésus-Christ.

Ainsi, en suivant seulement les calculs d'Usserius, Cécrops serait venu d'Égypte à Athènes vers 1556 avant Jésus-Christ; Deucalion se serait établi sur le Parnasse vers 1548; Cadmus serait arrivé de Phénicie à Thèbes vers 1493; Danaüs serait venu à Argos vers 1485; Dardanus se serait établi sur l'Hellespont vers 1449.

Tous ces chefs de nation auraient été à peu près contemporains de Moïse, dont l'émigration est de 1491. Voyez d'ailleurs sur le synchronisme de Moïse, de Danaüs et de Cadmus, Diodore, lib. xi; dans Photius, pag. 1152.

(1) Tout le monde connaît les généalogies d'Apollodore, et le parti que feu Clavier a cherché à en tirer

précédé leur arrivée ne pouvait s'être conservé que dans des souvenirs très - confus,
et n'aurait pu être suppléé que par de pures
inventions, pareilles à celles de nos moines
du moyen âge sur les origines des peuples de
l'Europe.

Ainsi, non-seulement on ne doit pas s'étonner qu'il y ait eu, dans l'antiquité même, beaucoup de doutes et de contradictions sur les
époques de Cécrops, de Deucalion, de Cadmus
et de Danaüs ; non - seulement il serait puéril
d'attacher la moindre importance à une opinion
quelconque sur les dates précises d'Inachus (1)

pour rétablir une sorte d'histoire primitive de la Grèce ;
mais lorsqu'on a lu les généalogies des Arabes, celles des
Tartares, et toutes celles que nos vieux moines chroni-
queurs avaient imaginées pour les différents souverains
de l'Europe et même pour des particuliers, on comprend
très-bien que des écrivains grecs ont dû faire pour les
premiers temps de leur nation ce qu'on a fait pour toutes
les autres à des époques où la critique n'éclairait pas
l'histoire.

(1) Mille huit cent cinquante-six ou mille huit cent
vingt-trois avant Jésus-Christ, ou d'autres dates encore ;

ou d'Ogygès (1); mais si quelque chose peut surprendre, c'est que ces personnages n'aient pas été placés infiniment plus haut. Il est impossible qu'il n'y ait pas eu là quelque effet de l'ascendant des traditions reçues auquel les inventeurs de fables n'ont pu se soustraire. Une des dates assignées au déluge d'Ogygès s'accorde même tellement avec l'une de celles qui ont été attribuées au déluge de Noé, qu'il est presque impossible qu'elle n'ait pas été prise dans quelque source où c'était de ce dernier déluge qu'on entendait parler (2).

Quant à Deucalion, soit que l'on regarde ce

---

mais toujours environ trois cent cinquante ans avant les principaux colons phéniciens ou égyptiens.

(1) La date vulgaire d'Ogygès, d'après Acusilaüs, suivi par Eusèbe, est de mille sept cent quatre-vingt-seize ans avant-Jésus-Christ, par conséquent plusieurs années après Inachus.

(2) Varron plaçait le déluge d'Ogygès, qu'il appelle le *premier déluge*, à quatre cents ans avant Inachus (*à priore cataclismo quem Ogygium dicunt, ad Inachi regnum*); et par conséquent à mille six cents ans avant la première olympiade; ce qui le porterait à deux mille trois cent

prince comme un personnage réel ou fictif,
pour peu que l'on suive la manière dont son
déluge a été introduit dans les poèmes des
Grecs, et les divers détails dont il s'est trouvé
successivement enrichi, il devient sensible
que ce n'était qu'une tradition du grand cataclisme, altérée et placée par les Hellènes à

---

soixante-seize ans avant Jésus-Christ, et le déluge de
Noé, selon le texte hébreu, est de deux mille trois cent
quarante-neuf : ce n'est que vingt-sept ans de différence.
Ce témoignage de Varron est rapporté par Censorin, *de
Die natali*, cap. XXI. A la vérité, Censorin n'écrivait
qu'en deux cent trente-huit de Jésus-Christ, et il paraît,
d'après Jules Africain, ap. Euseb., Præp. ev, qu'Acusilaüs, le premier auteur qui plaçait un déluge sous le règne d'Ogygès, faisait ce prince contemporain de Phoronée, ce qui l'aurait beaucoup rapproché de la première
olympiade. Jules Africain ne met que mille vingt ans
d'intervalle entre les deux époques, et il y a même dans
Censorin un passage conforme à cette opinion; aussi
quelques-uns veulent-ils lire dans celui de Varron, que
nous venons de citer d'après Censorin, *erogitium*, au lieu
d'*Ogygium*. Mais qu'est-ce qu'un *cataclisme érogitien*
dont personne n'a jamais parlé?

l'époque où ils plaçaient aussi Deucalion, parce
que Deucalion était regardé comme l'auteur de
la nation des Hellènes, et que l'on confondait
son histoire avec celle de tous les chefs des
nations renouvelées (1).

C'est que chaque peuplade de Grèce qui avait
conservé des traditions isolées, les commençait

------

(1) Homère ni Hésiode n'ont rien su du déluge de
Deucalion, non plus que de celui d'Ogygès.

Le plus ancien auteur subsistant où l'on trouve la mention du premier est Pindare (Od. Olymp. ɪx). Il fait
aborder Deucalion sur le Parnasse, s'établir dans la ville
de Protogénie (première naissance), et y recréer son
peuple avec des pierres; en un mot, il rapporte déjà,
mais en l'appliquant à une nation seulement, la fable
généralisée depuis par Ovide à tout le genre humain.

Les premiers historiens postérieurs à Pindare (Hérodote, Thucydide et Xénophon), ne font mention d'aucun déluge, ni du temps d'Ogygès, ni du temps de Deucalion, bien qu'ils parlent de celui-ci comme de l'un des
premiers rois des Hellènes.

Platon, dans le Timée, ne dit que quelques mots du
déluge, ainsi que de Deucalion et de Pyrrha, pour commencer le récit de la grande catastrophe qui, selon les

par son déluge particulier, parce que chacune
d'elle avait conservé quelque souvenir du déluge universel qui était commun à tous les
peuples; et lorsque dans la suite on voulut
assujettir ces diverses traditions à une chronologie commune, on crut voir des événements

---

prêtres de Saïs, détruisit l'Atlantide; mais dans ce peu
de mots il parle du déluge au singulier, comme si c'était
le seul : il dit même expressément plus loin que les Grecs
n'en connaissaient qu'un. Il place le nom de Deucalion
immédiatement après celui de Phoronée, le premier des
hommes, sans faire mention d'Ogygès : ainsi, pour lui,
c'est encore un événement général, un vrai déluge universel, et le seul qui soit arrivé. Il le regardait donc
comme identique avec celui d'Ogygès.

Aristote (Meteor., 1, 14) semble le premier n'avoir
considéré ce déluge que comme une inondation locale
qu'il place près de Dodone et du fleuve Achéloüs, mais
près de l'Achéloüs et de la Dodone de Thessalie.

Dans Apollodore (Bibl. 1, § 7), le déluge de Deucalion reprend toute sa grandeur et son caractère mythologique : il arrive à l'époque du passage de l'âge d'airain
à l'âge de fer. Deucalion est le fils du titan Prométhée,
du fabricateur de l'homme; il crée de nouveau le genre
humain avec des pierres; et cependant Atlas, son oncle,

différents, parce que des dates toutes incertaines, peut-être toutes fausses, mais regardées chacune dans son pays comme authentiques, ne se rapportaient pas entre elles. Ainsi de la même manière que les Hellènes avaient un déluge de Deucalion, parce qu'ils regar-

---

Phoronée, qui vivait avant lui, et plusieurs autres personnages antérieurs conservent de longues postérités.

A mesure que l'on avance vers des auteurs plus récents, il s'y ajoute des circonstances de détails qui ressemblent davantage à celles que rapporte Moïse.

Ainsi Apollodore donne à Deucalion un coffre pour moyen de salut; Plutarque parle des colombes par lesquelles il cherchait à savoir si les eaux s'étaient retirées, et Lucien des animaux de toute espèce qu'il avait embarqués avec lui, etc.

Quant à la combinaison de traditions et d'hypothèses de laquelle on a récemment cherché à conclure que la rupture du Bosphore de Thrace a été la cause du déluge de Deucalion, et même de l'ouverture des colonnes d'Hercule, en faisant décharger dans l'Archipel les eaux du Pont-Euxin, auparavant beaucoup plus élevées et plus étendues qu'elles ne l'ont été depuis cet événement, il n'est plus nécessaire de s'en occuper en détail, depuis qu'il a été constaté, par les observations de M. Olivier,

daient Deucalion comme leur premier auteur, les Autochtones de l'Attique en avaient un d'Ogygès, parce que c'était par Ogygès qu'ils commençaient leur histoire. Les Pélages d'Arcadie avaient celui qui, selon des auteurs postérieurs, contraignit Dardanus à se rendre vers l'Hellespont (1). L'île de Samothrace, l'une de celles où il s'était le plus anciennement

---

que si la mer Noire eût été aussi haute qu'on le suppose, elle aurait trouvé plusieurs écoulements par des cols et des plaines moins élevées que les bords actuels du Bosphore; et par celles de M. le comte Andréossy, que fût-elle tombée un jour subitement en cascade par ce nouveau passage, la petite quantité d'eau qui aurait pu s'écouler à la fois par une ouverture si étroite, non-seulement se serait répandue sur l'immense étendue de la Méditerranée sans y occasioner une marée de quelques toises, mais que la simple inclinaison naturelle nécessaire à l'écoulement des eaux aurait réduit à rien leur excédant de hauteur sur les bords de l'Attique.

Voyez au reste sur ce sujet la note que j'ai publiée en tête du troisième volume de l'Ovide de la collection de M. Lemaire.

(1) Denys d'Halicarnasse. Antiq. rom., lib. 1, cap. 61.

formé une succession de prêtres, un culte régulier et des traditions suivies, avait aussi un
déluge qui passait pour le plus ancien de
tous (1), et que l'on y attribuait à la rupture
du Bosphore et de l'Hellespont. On gardait
quelque idée d'un événement semblable en
Asie mineure (2) et en Syrie (3), et par la suite
les Grecs y attachèrent le nom de Deucalion (4).

Mais aucune de ces traditions ne plaçait très-
haut ce cataclisme; aucune d'elles ne refuse à
s'expliquer, quant à sa date et à ses autres circonstances, par les variations que subissent
toujours les récits qui ne sont point fixés par
l'Écriture.

Les hommes qui veulent attribuer aux continents et à l'établissement des nations une an-

L'antiquité
excessive attri-
buée à certains
peuples n'a
rien d'histori-
que.

(1) Diodore de Sicile, lib. v, cap. 47.

(2) Étienne de Byzance, voce Iconium : Zénodote,
Prov., cent. vi, n° 10; et Suidas, voce Nannacus.

(3) Lucian., de Deâ Syra.

(4) Arnobe, Contra Gent., lib. v, p. m. 158, parle
même d'un rocher de Phrygie, d'où l'on prétendait que
Deucalion et Pyrrha avaient pris leurs pierres.

tiquité très-reculée sont donc obligés de s'a-
dresser aux Indiens, aux Chaldéens et aux
Égyptiens, trois peuples en effet qui paraissent
le plus anciennement civilisés de la race caucasique; mais trois peuples extraordinairement
semblables entre eux, non-seulement par le
tempérament, par le climat et par la nature du
sol qu'ils habitaient, mais encore par la constitution politique et religieuse qu'ils s'étaient
donnée, et dont cette constitution même doit
rendre le témoignage également suspect (1).

Chez tous les trois une caste héréditaire était
exclusivement chargée du dépôt de la religion,
des lois et des sciences; chez tous les trois cette
caste avait son langage allégorique et sa doctrine secrète; chez tous les trois elle se réser-

---

(1) Cette ressemblance des institutions va au point qu'il
est très-naturel de leur supposer une origine commune.
On ne doit pas oublier que beaucoup d'anciens auteurs
ont pensé que les institutions égyptiennes venaient de
l'Éthiopie, et que le Syncelle, pag. 151, nous dit positivement que les Éthiopiens étaient venus des bords de
l'Indus au temps du roi Amenophtis.

vait le privilége de lire et d'expliquer les livres sacrés dans lesquels toutes les connaissances avaient été révélées par les dieux eux-mêmes.

On comprend ce que l'histoire pouvait devenir en de pareilles mains ; mais sans se livrer à de grands efforts de raisonnement, on peut le savoir par le fait, en examinant ce qu'elle est devenue parmi celle de ces trois nations qui subsiste encore : parmi les Indiens.

La vérité est qu'elle n'y existe point du tout. Au milieu de cette infinité de livres de théologie mystique ou de métaphysique abstruse que les brames possèdent, et que l'ingénieuse persévérance des Anglais est parvenue à connaître, il n'existe rien qui puisse nous instruire avec ordre sur l'origine de leur nation et sur les vicissitudes de leur société : ils prétendent même que leur religion leur défend de conserver la mémoire de ce qui se passe dans l'âge actuel, dans l'âge du malheur (1).

Après les Vedas, premiers ouvrages révélés

(1) Voyez Polier, Mythologie des Indous, tom. 1, pages 89 et 91.

et fondements de toute la croyance des Indous,
la littérature de ce peuple comme celle des
Grecs commence par deux grandes épopées :
le Ramaïan et le Mahâbarat, mille fois plus
monstrueuses dans leur merveilleux que l'Il-
liade et l'Odyssée, bien que l'on y reconnaisse
aussi des traces d'une doctrine métaphysique
du genre de celles que l'on est convenu d'appeler sublimes. Les autres poèmes, qui font
avec les deux premiers le grand corps des Pouranas, ne sont que des légendes ou des romans
versifiés, écrits dans des temps et par des auteurs différents, et non moins extravagants dans
leurs fictions que les grands poèmes. On a cru
reconnaître dans quelques-uns de ces écrits des
faits ou des noms d'hommes un peu semblables
à ceux dont les Grecs et les Latins ont parlé;
et c'est principalement d'après ces ressemblances de noms que M. Wilfort a essayé d'extraire
de ces Pouranas une espèce de concordance
avec notre ancienne chronologie d'Occident,
concordance qui décèle à chaque ligne la nature hypothétique de ses bases, et qui, de
plus, ne peut être admise qu'en comptant ab-

solument pour rien les dates données par les Pouranas eux-mêmes (1).

Les listes de rois que des pandits ou docteurs indiens ont prétendu avoir compilées d'après ces Pouranas, ne sont que de simples catalogues sans détails, ou ornés de détails absurdes, comme en avaient les Chaldéens et les Égyptiens; comme Trithème et Saxon le grammairien en ont donné pour les peuples du Nord (2). Ces listes sont fort loin de s'accorder; aucune d'elles ne suppose ni une histoire, ni des registres, ni des titres : le fond même a pu en être imaginé par les poètes dont les ouvrages en ont été la source. L'un des pandits

(1) Voyez le grand travail de M. Wilfort, sur la chronologie des rois de Magadha, empereurs de l'Inde, et sur les époques de Vicramaditjya (ou Bikermadjit), et de Salivahanna. Mém. de Calcutta, tom. ix, in-8°, pag. 82.

(2) Voyez Johnes, sur la chronologie des Indous, Mém. de Calcutta, édition in-8°, tom. ii, pag. 111; traduction française, pag. 164. Voyez aussi Wilfort sur ce même sujet, *ibid.*, tom. v, pag. 241, et les listes qu'il donne dans son travail cité plus haut, tom. ix, pag. 116.

qui en ont fourni à M. Wilfort, est convenu qu'il remplissait arbitrairement avec des noms imaginaires les espaces entre les rois célè-bres (1), et il avouait que ses prédécesseurs en avaient fait autant. Si cela est vrai des listes qu'obtiennent aujourd'hui les Anglais, com-ment ne le serait-il pas de celles qu'Abou-Fazel a données comme extraites des Annales de Ca-chemire (2), et qui, d'ailleurs, toutes pleines de fables qu'elles sont, ne remontent qu'à qua-tre mille trois cents ans, sur lesquels plus de mille deux cents sont remplis de noms de prin-ces dont les règnes demeurent indéterminés quant à leur durée.

L'ère même d'après laquelle les Indiens comp-tent aujourd'hui leurs années, qui commence cinquante-sept ans avant Jésus-Christ, et qui porte le nom d'un prince appelé *Vicramaditjia* ou *Bickermadjit*, ne le porte que par une sorte

---

(1) Wilfort, Mém. de Calcutta, in-8°, tom. IX, p. 133.

(2) Dans l'Ayeen-Acbery, tom. II, pag. 138 de la tra-duction anglaise. Voyez aussi Heeren, Commerce des Anciens, premier volume, deuxième partie, pag. 329.

de convention ; car on trouve, d'après les syn-
chronismes attribués à Vicramaditjia, qu'il y
aurait eu au moins trois, et peut-être jusqu'à
huit ou neuf princes de ce nom, qui tous ont
des légendes semblables, qui tous ont eu des
guerres avec un prince nommé *Saliwahanna ;*
et, qui plus est, on ne sait pas bien si cette
année cinquante-sept avant Jésus-Christ est
celle de la naissance, du règne ou de la mort
du Vicramaditjia, dont elle porte le nom (1).

Enfin, les livres les plus authentiques des
Indiens démentent, par des caractères intrin-
sèques et très-reconnaissables, l'antiquité que
ces peuples leur attribuent. Leurs Vedas, ou
livres sacrés, révélés selon eux par Brama lui-
même dès l'origine du monde, et rédigés par
Viasa (nom qui ne signifie autre chose que
collecteur) au commencement de l'âge actuel,
si l'on en juge par le calendrier qui s'y trouve
annexé et auquel ils se rapportent, ainsi que

---

(1) Voyez Bentley, sur les systèmes astronomiques des
Indous, et leur liaison avec l'histoire, Mém. de Calcutta,
tom. VIII, pag. 243 de l'édition in-8°.

par la position des colures que ce calendrier
indique, peuvent remonter à trois mille deux
cents ans, ce qui serait à peu près l'époque de
Moïse (1). Peut-être même ceux qui ajouteront
foi à l'assertion de Mégasthènes (2), que de son
temps les Indiens ne savaient pas écrire; ceux
qui réfléchiront qu'aucun des anciens n'a fait
mention de ces temples superbes, de ces immenses pagodes, monuments si remarquables
de la religion des Brames; ceux qui sauront
que les époques de leurs tables astronomiques
ont été calculées après coup, et mal calculées,
et que leurs traités d'astronomie sont modernes
et antidatés, seront-ils portés à diminuer
encore beaucoup cette antiquité prétendue des
Vedas.

Cependant au milieu de toutes les fables bra-
miniques, il échappe des traits dont la concordance, avec ce qui résulte des monuments

---

(1) Voyez le Mémoire de M. Colebrocke sur les Vedas,
Mém. de Calcutta, tom. VIII de l'édition in–8°, pag. 493.

(2) Megasthenes apud Strabon., lib. XV, pag. 709.
Almel.

historiques plus occidentaux, est faite pour étonner.

Ainsi leur mythologie consacre les destructions successives que la surface du globe a essuyées, et doit essuyer à l'avenir ; et ce n'est qu'à un peu moins de cinq mille ans qu'ils font remonter la dernière (1). L'une de ces révolutions, que l'on place à la vérité infiniment plus loin de nous, est décrite dans des termes presque correspondants à ceux de Moïse (2).

---

(1) Celle qui a donné naissance à l'âge présent ou *cali yug* (l'âge de terre) : elle remonte à quatre mille neuf cent vingt-sept ans (trois mille cent deux ans avant Jésus-Christ.) Voyez Legentil, Voyage aux Indes, tom. 1, pag. 235; Bentley, Mém. de Calcutta, tom. VIII de l'édition in-8°, pag. 212. Ce n'est que cinquante-neuf ans plus haut que le déluge de Noé, selon le texte samaritain.

(2) Le personnage de Satyavrata y joue le même rôle que Noé : il s'y sauve avec sept couples de saints. Voyez Will. Johnes, Mém. de Calcutta, tom. 1 in-8°, p. 230, et la traduction française in-4°, pag. 170; et dans le Bagavadam (ou Bagvata), traduction de Fouché d'Obsonville, pag. 212.

M. Wilfort assure même que, dans un autre
événement de cette mythologie, figure un personnage qui ressemble à Deucalion, par l'origine, par le nom, par les aventures, et jusque
par le nom et les aventures de son père (1).

Une chose également assez digne de remarque, c'est que dans ces listes de rois, toutes
sèches, toutes peu historiques qu'elles sont,
les Indiens placent le commencement de leurs
souverains humains (ceux de la race du soleil

---

(1) Cala-Javana, ou dans le langage familier Cal-Yun,
à qui ses partisans peuvent avoir donné l'épithète de
devà, *deo* (dieu), ayant attaqué Chrishna (l'Apollon des
Indiens) à la tête des peuples septentrionaux (des Scy-
thes, tels qu'était Deucalion selon Lucien), fut repoussé
par le feu et par l'eau. Son père Garga avait pour l'un
de ses surnoms *Pramathesa* (Prométhée); et selon une
autre légende, il est dévoré par l'aigle Garuda. Ces détails ont été extraits par M. Wilfort (dans son Mémoire
sur le mont Caucase, parmi ceux de Calcutta, tom. VI
de l'édition in-8°, pag. 507) du drame sanscrit intitulé
Hari-Vansa. M. Charles Ritter, dans son Vestibule de
l'histoire européenne avant Hérodote, en conclut que
toute la fable de Deucalion était d'origine étrangère, et

et de la lune.) à une époque qui est à peu près la même que celle où Ctésias, dans une liste entièrement de la même nature, fait commencer ses rois d'Assyrie (environ quatre mille ans avant le temps présent) (1).

Cet état déplorable des connaissances historiques devait être celui d'un peuple où les prêtres héréditaires d'un culte monstrueux dans ses formes extérieures et cruel dans beaucoup de ses préceptes, avaient seuls le privilége d'écrire, de conserver et d'expliquer les livres.

---

avait été apportée en Grèce avec les autres légendes de cette partie du culte grec qui était venue par le Nord, et qui avait précédé les colons égyptiens et phéniciens. Mais s'il est vrai que les constellations de la sphère indienne ont aussi des noms de personnages grecs; qu'on y voit Andromède sous le nom d'*Antarmadia,* Céphée sous celui de *Capiia,* etc. , on sera peut−être tenté d'en tirer, avec M. Wilfort, une conclusion entièrement inverse. Malheureusement on commence à douter beaucoup, parmi les savants, de l'authenticité des documents allégués par cet écrivain.

(1) Bentley, Mém. de Calcutta, tom. VIII, pag. 226 de l'édition in-8°, note.

Quelque légende faite pour mettre en vogue un lieu de pélerinage, des inventions propres à graver plus profondément le respect pour leur caste, devaient les intéresser plus que toutes les vérités historiques. Parmi les sciences, ils pouvaient cultiver l'astronomie, qui leur donnait du crédit comme astrologues; la mécanique, qui les aidait à élever les monuments, signes de leur puissance et objets de la vénération superstitieuse des peuples; la géométrie, base de l'astronomie, comme de la mécanique, et auxiliaire important de l'agriculture dans ces vastes plaines d'alluvion qui ne pouvaient être assainies et rendues fertiles qu'à l'aide de nombreux canaux; ils pouvaient encourager les arts mécaniques ou chimiques qui alimentaient leur commerce, et contribuaient à leur luxe et à celui de leurs temples; mais ils devaient redouter l'histoire qui éclaire les hommes sur leurs rapports mutuels.

Ce que nous voyons aux Indes, nous devons donc nous attendre à le retrouver partout où des races sacerdotales, constituées comme celle des Bramines, établies dans des pays semblables, s'arrogeaient le même empire sur la masse du peuple. Les mêmes causes amènent les mêmes résultats; et en effet, pour peu que l'on réfléchisse sur les fragments qui nous restent des traditions égyptiennes et chaldéennes, on s'aperçoit qu'elles n'étaient pas plus historiques que celles des Indiens.

Pour juger de la nature des chroniques que les prêtres égyptiens prétendaient posséder, il suffit de rappeler les extraits qu'ils en ont donnés eux-mêmes en différents temps, et à des personnes différentes.

Ceux de Saïs, par exemple, disaient à Solon, environ cinq cent cinquante ans avant Jésus-Christ, que, l'Égypte n'étant point sujette aux déluges, ils avaient conservé, non-seulement leurs propres annales, mais celles des autres peuples; que la ville d'Athènes et celle de Saïs avaient été construites par Minerve; la première depuis neuf mille ans, la seconde seulement depuis huit mille; et à ces dates ils ajoutaient les fables si connues sur les Atlantes, sur la résistance que les anciens Athéniens opposèrent à leurs conquêtes, ainsi que toute la description romanesque de l'Atlantide (1); description où se trouvent des faits et des généalogies semblables à celles de tous les romans mythologiques.

Un siècle plus tard, vers quatre cent cinquante, les prêtres de Memphis firent à Hérodote des récits tout différents (2). Menès, premier roi d'Égypte, avait construit selon eux Memphis, et renfermé le Nil dans des digues, comme si de pareilles opérations étaient possibles au premier roi d'un pays. Depuis lors ils avaient eu trois cent trente autres rois jusqu'à Mœris, qui régnait, selon eux, neuf cents ans avant l'époque où ils parlaient (mille trois cent cinquante ans avant Jésus-Christ).

Après ces rois vint Sésostris, qui poussa ses conquêtes jusqu'à la Colchide (3); et au total il y eut, jusqu'à Sethos, trois cent quarante-un

_____

(1) Voyez le Timée et le Critias de Platon.

(2) Euterpe, chapitre xcix et suivants.

(3) Hérodote croyait avoir reconnu des rapports de figure et de couleur entre les Colchidiens et les Égyptiens; mais il est infiniment plus probable que ces Col-

rois et trois cent quarante-un grands-prêtres, en trois cent quarante-une générations, pendant onze mille trois cent quarante ans, et dans cet intervalle, comme pour servir de garant à leur chronologie, ces prêtres assuraient que le soleil s'était levé deux fois où il se couche, sans que rien eût changé dans le climat ou dans les productions du pays, et sans qu'alors ni auparavant aucun dieu se fût montré et eût régné en Égypte.

A ce trait qui, malgré toutes les explications que l'on a prétendu en donner, prouvait une si grossière ignorance en astronomie, ils ajoutaient sur Sésostris, sur Pheron, sur Hélène, sur Rhampsinite, sur les rois qui ont fait construire les pyramides, sur un conquérant éthiopien, nommé *Sabacos*, des contes tout-à-fait dignes du cadre où ils étaient enchâssés.

---

chidiens noirs dont il parle étaient une colonie indienne attirée par le commerce anciennement établi entre l'Inde et l'Europe, par l'Oxus, la mer Caspienne et le Phase. Voyez Ritter, Vestibule de l'histoire ancienne avant Hérodote, chapitre 1.

Les prêtres de Thèbes firent mieux; ils montrèrent à Hérodote, et auparavant ils avaient montré à Hécatée trois cent quarante-cinq colosses de bois, représentant trois cent quarante-cinq grands-prêtres qui s'étaient succédé de père en fils, tous hommes, tous nés l'un de l'autre, mais qui avaient été précédés par des dieux (1).

D'autres Égyptiens lui dirent avoir des registres exacts, non-seulement du règne des hommes, mais de celui des dieux. Ils comptaient dix-sept mille ans depuis Hercule jusqu'à Amasis, et quinze mille depuis Bacchus. Pan avait encore précédé Hercule (2).

Évidemment ces gens-là prenaient pour historique quelque allégorie relative à la métaphysique panthéistique, qui faisait, à leur insu, la base de leur mythologie.

Ce n'est qu'à Sethos que commence, dans Hérodote, une histoire un peu raisonnable; et, ce qu'il est important de remarquer, cette

(1) Euterpe, chapitre CXLIII.
(2) *Ibid.*, CXLIV.

histoire commence par un fait concordant avec les annales hébraïques : par la destruction de l'armée du roi d'Assyrie, Sennacherib (1); et cet accord continue sous Necho (2) et sous Hophra ou Apriès.

Deux siècles après Hérodote (vers deux cent soixante ans avant Jésus-Christ), Ptolomée Philadelphe, prince d'une race étrangère, voulut connaître l'histoire du pays que les événements l'avaient appelé à gouverner. Un prêtre encore, Manéthon, se chargea de l'écrire pour lui. Ce ne fut plus dans des registres, dans des archives qu'il prétendit l'avoir puisée, mais dans les livres sacrés d'Agathodæmon, fils du second Hermès et père de Tât, lequel l'avait copié sur des colonnes érigées avant le déluge, par Tôt ou le premier Hermès, dans la terre sériadique (3), et ce second Hermès, cet Agathodæmon, ce Tât, sont des personnages dont

(1) Euterpe, CXLI.

(2) *Ibid.*, CLIX, et dans le quatrième livre des Rois, chapitre 19, ou dans le deuxième des Paral., chap. 32.

(3) Syncell., pag. 40.

qui que ce soit n'avait parlé auparavant, non plus que de cette terre sériadique ni de ses colonnes. Ce déluge est lui-même un fait entièrement inconnu aux Égyptiens des temps antérieurs, et dont Manéthon ne marque rien dans ce qui nous reste de ses dynasties.

Le produit ressemble à la source : non-seulement tout est plein d'absurdités, mais ce sont des absurdités propres, et impossibles à concilier avec celles que des prêtres plus anciens avaient racontées à Solon et à Hérodote.

C'est Vulcain qui commence la série des rois divins ; il règne neuf mille ans ; les dieux et les demi-dieux règnent mille neuf cent quatre-vingt-cinq ans. Ni les noms, ni les successions, ni les dates de Manéthon ne ressemblent à ce qu'on a publié avant et depuis lui ; et il faut qu'il ait été aussi obscur et embrouillé qu'il était peu d'accord avec les autres ; car il est impossible d'accorder entre eux les extraits qu'en ont donnés Josèphe, Jules Africain et Eusèbe. On ne convient pas même des sommes d'années de ses rois humains. Selon Jules Africain, elles vont à cinq mille cent un ans ; selon

Eusèbe, à quatre mille sept cent vingt-trois; selon le Syncelle, à trois mille cinq cent cinquante-cinq. On pourrait croire que les différences de noms et de chiffres viennent des copistes; mais Josèphe cite au long un passage dont les détails sont en contradiction manifeste avec les extraits de ses successeurs.

Une chronique qualifiée d'ancienne (1), et que les uns jugent antérieure, les autres postérieure à Manéthon, donne encore d'autres calculs : la durée totale de ses rois est de trente-six mille cinq cent vingt-cinq ans, sur lesquels le Soleil en a régné trente mille, les autres dieux trois mille neuf cent quatre-vingt-quatre, les demi-dieux deux cent dix-sept : il ne reste pour les hommes que deux mille trois cent trente-neuf ans : aussi n'en compte-t-on que cent treize générations, au lieu des trois cent quarante d'Hérodote.

Un savant d'un autre ordre que Manéthon, l'astronome Ératosthènes, découvrit et publia, sous Ptolomée Évergète, vers deux cent qua-

_____

rante ans avant Jésus-Christ, une liste particulière de trente-huit rois de Thèbes, commençant à Menès, et se continuant pendant mille vingt-quatre ans : nous en avons un extrait que le Syncelle a copié dans Apollodore (1). Presque aucun des noms qui s'y trouvent ne correspond aux autres listes.

Diodore alla en Égypte sous Ptolomée Aulètes, vers soixante ans avant Jésus-Christ, par conséquent deux siècles après Manéthon et quatre après Hérodote.

Il recueillit aussi de la bouche des prêtres l'histoire du pays, et il la recueillit de nouveau toute différente (2).

Ce n'est plus Menès qui a construit Memphis, mais Uchoréus. Long-temps avant lui Busiris II avait construit Thèbes.

Le huitième aïeul d'Uchoréus, Osymandyas, a été maître de la Bactriane, et y a réprimé des révoltes. Long-temps après lui, Sésoosis a fait

(1) Syncell., pages 91 et suivantes.
(2) Diod. Sic., lib. 1, sect. 11.

des conquêtes encore plus éloignées ; il est allé jusqu'au-delà du Gange, et est revenu par la Scythie et le Tanaïs. Malheureusement ces noms de rois sont inconnus à tous les historiens précédents, et aucun des peuples qu'ils avaient conquis n'en a conservé le moindre souvenir. Quant aux dieux et aux héros, selon Diodore, ils ont régné dix-huit mille ans, et les souverains humains quinze mille : quatre cent soixante-dix rois avaient été Égyptiens, quatre Éthiopiens, sans compter les Perses et les Macédoniens. Les contes dont le tout est entremêlé ne le cèdent point d'ailleurs en puérilité à ceux d'Hérodote.

L'an 18 de Jésus-Christ, Germanicus, neveu de Tibère, attiré par le désir de connaître les antiquités de cette terre célèbre, se rendit en Égypte, au risque de déplaire à un prince aussi soupçonneux que son oncle : il remonta le Nil jusqu'à Thèbes. Ce ne fut plus Sésostris ni Osymandyas dont les prêtres lui parlèrent comme d'un conquérant, mais Rhamsès. A la tête de sept cent mille hommes il avait envahi la Libye, l'Éthiopie, la Médie, la Perse, la Bactriane, la Scythie, l'Asie mineure et la Syrie (1).

Enfin, dans le fameux article de Pline sur les obélisques (2), on trouve encore des noms de rois que l'on ne voit point ailleurs : Sothies, Mnevis, Zmarreus, Eraphius, Mestirès, un Semenpserteus, contemporain de Pythagore, etc. Un Ramisès, que l'on pourrait croire le même que Rhamsès, y est fait contemporain du siége de Troie.

Je n'ignore pas que l'on a essayé de concilier ces listes, en supposant que les rois ont porté plusieurs·noms. Pour moi, qui ne considère pas seulement la contradiction de ces divers récits, mais qui suis frappé par-dessus tout de

---

(1) Tacit., Annal., lib. II, cap. 60.

N. B. D'après l'interprétation qu'Ammien nous a conservée, lib. XVII, cap. 4, des hiéroglyphes de l'obélisque de Thèbes, qui est aujourd'hui à Rome sur la place de Saint-Jean de Latran, il paraît qu'un Rhamestès y était qualifié, à la manière orientale, de seigneur de la terre habitable, et que l'histoire faite à Germanicus n'était qu'un commentaire de cette inscription.

(2) Pline, lib. XXXVI, cap. 8, 9, 10, 11.

·cc mélange de faits réels attestés par de grands
monuments, avec des extravagances puériles,
il me semble infiniment plus naturel d'en conclure que les prêtres égyptiens n'avaient point
d'histoire; qu'inférieurs encore à ceux des Indes, ils n'avaient pas même de fables convenues
et suivies; qu'ils gardaient seulement des listes
plus ou moins fautives de leurs rois et quelques souvenirs des principaux d'entre eux, de
ceux surtout qui avaient eu le soin de faire
inscrire leurs noms sur les temples et les autres
grands ouvrages qui décoraient le pays; mais
que ces souvenirs étaient confus, qu'ils ne re-
posaient guère que sur l'explication traditionnelle que l'on donnait aux représentations
peintes ou sculptées sur les monuments, explications fondées seulement sur des inscriptions
hiéroglyphiques conçues comme celle dont
nous avons une traduction (1) en termes très-
généraux, et qui, passant de bouche en bouche,
s'altéraient, quant aux détails, au gré de ceux
qui les communiquaient aux étrangers; et qu'il

_____

(1) Celle de Ramestès dans Ammien, loc. cit.

est par conséquent impossible d'asseoir aucune
proposition relative à l'antiquité des continents actuels sur les lambeaux de ces traditions, déjà si incomplètes dans leur temps, et
devenues tout-à-fait méconnaissables sous la
plume de ceux qui nous les ont transmises.

Si cette assertion avait besoin d'autres preuves, elles se trouveraient dans la liste des
ouvrages sacrés d'Hermès, que les prêtres
égyptiens portaient dans leurs processions
solennelles. Clément d'Alexandrie (1) nous les
nomme tous au nombre de quarante-deux, et
il ne s'y trouve pas même, comme chez les
Bramines, une épopée ou un livre qui ait la
prétention d'être un récit, de fixer d'une manière quelconque aucune grande action, aucun événement.

Les belles recherches de M. Champollion le
jeune, et ses étonnantes découvertes sur la
langue des hiéroglyphes (2), confirment ces
conjectures, loin de les détruire. Cet ingénieux

_____

(1) Stromat, lib. vi, pag. 633.

(2) Voyez le Précis du Système hiéroglyphique des an-

antiquaire a lu , dans une série de tableaux hiéroglyphiques du temple d'Abydos (1), les prénoms d'un certain nombre de rois placés à la
suite les uns des autres; et une partie de ces
prénoms (les dix derniers) s'étant retrouvés
sur divers autres monuments, accompagnés
de noms propres, il en a conclu qu'ils sont ceux
des rois qui portaient ces noms propres, ce qui
lui a donné à peu près les mêmes rois, et dans
le même ordre que ceux dont Manéthon compose sa dix-huitième dynastie, celle qui chassa
les pasteurs. Toutefois la concordance n'est pas
complète : il manque dans le tableau d'Abydos
six des noms portés sur la liste de Manéthon; il
y en a qui ne ressemblent pas; enfin il se trouve
malheureusement une lacune avant le plus remarquable de tous, le Rhamsès qui paraît le
même que le roi représenté sur un si grand

---

ciens Égyptiens, par M. Champollion le jeune, p. 245,
et sa Lettre à M. le duc de Blacas, pages 15 et suivantes.

(1) Ce bas-relief important est gravé dans le Voyage à
Méroë, de M. Caillaud, tom. 11, planche xxxii.

nombre des plus beaux monuments de l'Égypte avec les attributs d'un grand conquérant. Ce serait, selon M. Champollion, dans la liste de Manéthon, le Sethos, chef de la dix-neuvième dynastie, qui, en effet, est indiqué comme puissant en vaisseaux et en cavalerie, et comme ayant porté ses armes en Chypre, en Médie et en Perse. M. Champollion pense, avec Marsham et beaucoup d'autres, que c'est ce Rhamsès ou ce Sethos qui est le Sésostris ou le Sesoosis des Grecs ; et cette opinion a de la probabilité, dans ce sens que les représentations des victoires de Rhamsès, remportées probablement sur les nomades voisins de l'Égypte, ou tout au plus en Syrie, ont donné lieu à ces idées fabuleuses de conquêtes immenses attribuées, par quelque autre confusion, à un Sésostris ; mais dans Manéthon, c'est dans la douzième dynastie, et non dans la dix-huitième, qu'est inscrit un prince du nom de Sésostris, marqué comme conquérant de l'Asie et de la Thrace (1). Aussi

(1) Syncell., pag. 59.

Marsham prétend-il que cette douzième dynastie et la dix-huitième n'en font qu'une (1).
Manéthon n'aurait donc pas compris lui-même
les listes qu'il copiait. Enfin, si l'on admettait
dans leur entier, et la vérité historique de ce
bas-relief d'Abydos et son accord, soit avec la
partie des listes de Manéthon qui paraît lui correspondre, soit avec les autres inscriptions
hiéroglyphiques, il en résulterait déjà cette
conséquence que la prétendue dix-huitième
dynastie, la première sur laquelle les anciens
chronologistes commencent à s'accorder un
peu, est aussi la première qui ait laissé sur les
monuments des traces de son existence. Manéthon a pu consulter ce document et d'autres
semblables; mais il n'en est pas moins sensible
qu'une liste, une série de noms ou de portraits,
comme il y en a partout, est loin d'être une
histoire.

Ce qui est prouvé et connu pour les Indiens,
ce que je viens de rendre si vraisemblable pour

_____

(1) Canon., pag. 353.

les habitants de la vallée du Nil, ne doit-on pas le présumer aussi pour ceux des vallées de l'Euphrate et du Tigre? Établis, comme les Indiens (1), comme les Égyptiens, sur une grande route du commerce, dans de vastes plaines qu'ils avaient été obligés de couper de nombreux canaux, instruits comme eux par des prêtres héréditaires, dépositaires prétendus de livres secrets, possesseurs privilégiés des sciences, astrologues, constructeurs de pyramides et d'autres grands monuments (2), ne devaient-ils pas leur ressembler aussi sur d'autres points essentiels? Leur histoire ne devait-elle pas également se réduire à des légendes? J'ose presque dire, non—seulement que cela est pro-

_____

(1) Toute l'ancienne mythologie des Bramines se rapporte aux plaines où coule le Gange, et c'est évidemment là qu'ils ont fait leurs premiers établissements.

(2) Les descriptions des anciens monuments chaldéens ressemblent beaucoup à ce que nous voyons de ceux des Indiens et des Égyptiens; mais ces monuments ne sont pas conservés de même, parce qu'ils n'étaient construits qu'en briques séchées au soleil.

bable, mais que cela est démontré par le fait.

Ni Moïse ni Homère ne nous parlent encore d'un grand empire dans la Haute-Asie. Hérodote (1) n'attribue à la suprématie des Assyriens que cinq cent vingt ans de durée, et n'en fait remonter l'origine qu'environ huit siècles avant lui. Après avoir été à Babylone, et en avoir consulté les prêtres, il n'en a pas même appris le nom de Ninus, comme roi des Assyriens, et n'en parle que comme du père d'Agron (2), premier roi Héraclide de Lydie. Cependant il le fait fils de Bélus, tant il y avait dès-lors de confusion dans les souvenirs. S'il parle de Sémiramis comme de l'une des reines qui ont laissé de grands monuments à Babylone, il ne la place que sept générations avant Cyrus.

Hellanicus, contemporain d'Hérodote, loin de laisser rien construire à Babylone par Sémiramis, attribue la fondation de cette ville à Chaldæus, quatorzième successeur de Ninus (3).

___

(1) Clio, cap. xcv.

(2) Clio, cap. vii.

(3) Étienne de Byzance au mot Chaldæi.

Bérose, babylonien et prêtre, qui écrivait à peine cent vingt ans après Hérodote, donne à Babylone une antiquité effrayante; mais c'est à Nabuchodonosor, prince relativement très-moderne, qu'il en attribue les monuments principaux (1).

Touchant Cyrus lui-même, ce prince si remarquable, et dont l'histoire aurait dû être si connue, si populaire, Hérodote, qui ne vivait que cent ans après lui, avoue qu'il existait déjà trois sentiments différents; et en effet, soixante ans plus tard Xénophon nous donne de ce prince une biographie tout opposée à celle d'Hérodote.

Ctésias, à peu près contemporain de Xénophon, prétend avoir tiré des archives royales des Mèdes une chronologie qui recule de plus de huit cents ans l'origine de la monarchie assyrienne, tout en laissant à la tête de ses rois ce même Ninus, fils de Bélus, dont Hérodote avait fait un Héraclide; et en même temps il attribue

_____

(1) Josèphe (contre Appion), lib. 1, cap. 19,

à Ninus et à Sémiramis des conquêtes vers l'occident d'une étendue absolument incompa-
tible avec l'histoire juive et égyptienne de ce
temps-là (1).

Selon Mégasthènes, c'est Nabuchodonosor
qui a fait ces conquêtes incroyables. Il les a
poussées par la Libye jusqu'en Espagne (2).

On voit que, du temps d'Alexandre, Nabuchodonosor avait tout-à-fait usurpé la réputation
que Sémiramis avait eue du temps d'Artaxerxès;
mais on pensera sans doute que Sémiramis,
que Nabuchodonosor avaient conquis l'Éthiopie
et la Libye, à peu près comme les Égyptiens
faisaient conquérir, par Sésostris ou par Osy-
mandias, l'Inde et la Bactriane.

Que serait-ce si nous examinions maintenant
les différents rapports sur Sardanapale, dans lesquels un savant célèbre a cru trouver des preuves de l'existence de trois princes de ce nom,

---

(1) Diod. Sic., lib. II.

(2) Josèphe (contre Appion), lib. I, cap. 6; et Strabon, lib. xv, pag. 687.

tous trois victimes de malheurs semblables (1);
à peu près comme un autre savant trouve aux
Indes au moins trois Vicramaditjia, également
tous les trois héros d'aventures pareilles?

C'est apparemment d'après le peu de concordance de toutes ces relations que Strabon a cru
pouvoir dire que l'autorité d'Hérodote et de
Ctésias n'égale pas celle d'Hésiode ou d'Homère (2). Aussi Ctésias n'a-t-il guère été plus
heureux en copistes que Manéthon; et il est
bien difficile aujourd'hui d'accorder les extraits
que nous en ont donnés Diodore, Eusèbe et le
Syncelle.

Lorsqu'on se trouvait en de pareilles incertitudes dans le cinquième siècle avant Jésus-
Christ, comment veut-on que Bérose ait pu les
éclaircir dans le troisième, et peut-on ajouter
plus de foi aux quatre cent trente mille ans qu'il
met avant le déluge, aux trente-cinq mille ans

_____

(1) Voyez dans les Mémoires de l'Académie des Belles-
Lettres, tom. v, le Mémoire de Fréret sur l'histoire des
Assyriens.

(2) Strabon, lib. XI, pag. 507.

qu'il place entre le déluge et Sémiramis, qu'aux registres de cent cinquante mille ans qu'il se vante d'avoir consultés (1)?

On parle d'ouvrages élevés en des provinces éloignées, et qui portaient le nom de Sémiramis; on prétend aussi avoir vu en Asie mineure, en Thrace, des colonnes érigées par Sésostris (2); mais c'est ainsi qu'en Perse aujourd'hui, les anciens monuments, peut-être même quelques-uns de ceux-là, portent le nom de Roustan; qu'en Égypte ou en Arabie ils portent ceux de Joseph, de Salomon : c'est une ancienne coutume des Orientaux, et probablement de tous les peuples ignorants. Nos paysans appellent Camps de César tous les anciens retranchements romains.

_____

(1) Syncelle, pages 38 et 39.

(2) *N. B.* Il est très-remarquable qu'Hérodote ne dit avoir vu de monuments de Sésostris qu'en Palestine, et ne parle de ceux d'Ionie que sur le rapport d'autrui, et en ajoutant que Sésostris n'est pas nommé dans les inscriptions, et que ceux qui ont vu ces monuments les attribuent à Memnon. Voyez Euterpe, chapitre CVI.

En un mot, plus j'y pense, plus je me persuade qu'il n'y avait point d'histoire ancienne à Babylone, à Ecbatane, plus qu'en Égypte et aux Indes; et au lieu de porter comme Évhémère ou comme Bannier la mythologie dans l'histoire, je suis d'avis qu'il faudrait reporter une grande partie de l'histoire dans la mythologie.

Ce n'est qu'à l'époque de ce qu'on appelle communément le second royaume d'Assyrie que l'histoire des Assyriens et des Chaldéens commence à devenir claire; à l'époque où celle des Égyptiens devient claire aussi, lorsque les rois de Ninive, de Babylone et d'Égypte commencent à se rencontrer et à se combattre sur le théâtre de la Syrie et de la Palestine.

Il paraît néanmoins que les auteurs de ces contrées, ou ceux qui en avaient consulté les traditions, et Bérose, et Hiéronyme, et Nicolas de Damas, s'accordaient à parler d'un déluge; Bérose le décrivait même avec des circonstances tellement semblables à celles de la Genèse, qu'il est presque impossible que ce qu'il en dit ne soit pas tiré des mêmes sources, bien qu'il en recule l'époque d'un grand nombre de siècles, autant du moins que l'on peut en juger par les extraits embrouillés que Josèphe, Eusèbe et le Syncelle nous ont conservés de ses écrits. Mais nous devons remarquer, et c'est par cette observation que nous terminerons ce qui regarde les Babyloniens, que ces siècles nombreux et cette grande suite de rois placés entre le déluge et Sémiramis sont une chose nouvelle, entièrement propre à Bérose, et dont Ctésias et ceux qui l'ont suivi n'avaient pas eu l'idée, qui n'a même été adoptée par aucun des auteurs profanes postérieurs à Bérose. Justin et Velléius considèrent Ninus comme le premier des conquérans, et ceux qui, contre toute vraisemblance, le placent le plus haut, ne le font que de quarante siècles antérieur au temps présent (1).

Les auteurs arméniens du moyen âge s'accordent à peu près avec quelqu'un des textes de la Genèse, lorsqu'ils font remonter le dé-

_____

(1) Justin, lib. 1, cap. 1; Velleius Paterculus, lib. 1, cap. 7.

luge à quatre mille neuf cent seize ans; et l'on pourrait croire qu'ayant recueilli les vieilles traditions, et peut-être extrait les vieilles chroniques de leur pays, ils forment une autorité de plus en faveur de la nouveauté des peuples; mais quand on réfléchit que leur littérature historique ne date que du cinquième siècle, et qu'ils ont connu Eusèbe, on comprend qu'ils ont dû s'accommoder à sa chronologie et à celle de la Bible. Moïse de Chorène fait profession expresse d'avoir suivi les Grecs, et l'on voit que son histoire ancienne est calquée sur Ctésias (1).

Cependant il est certain que la tradition du déluge existait en Arménie bien avant la conversion des habitants au christianisme; et la ville qui, selon Josèphe, était appelée *le lieu de la Descente*, existe encore au pied du mont Ararat, et porte le nom de *Nachidchevan*, qui a en effet ce sens-là (2).

---

(1) Voyez Mosis Chorenensis, Histor. armeniac., lib. 1, cap. 1.

(2) Voyez la préface des frères Whiston sur Moïse de Chorène, pag. 4.

Nous en dirons des Arabes, des Persans, des Turcs, des Mongoles, des Abyssins d'aujourd'hui, autant que des Arméniens. Leurs anciens livres, s'ils en ont eu, n'existent plus; ils n'ont d'ancienne histoire que celle qu'ils se sont faite récemment, et qu'ils ont modelée sur la Bible : ainsi ce qu'ils disent du déluge est emprunté de la Genèse, et n'ajoute rien à l'autorité de ce livre.

Il était curieux de rechercher quelle était sur ce sujet l'opinion des anciens Perses, avant qu'elle eût été modifiée par les croyances chrétienne et mahométane. On la trouve consignée dans leur Boundehesh, ou Cosmogonie, ouvrage du temps des Sassanides, mais évidemment extrait ou traduit d'ouvrages plus anciens, et qu'Anquetil du Perron a retrouvé chez les Parsis de l'Inde. La durée totale du monde ne doit être que de douze mille ans : ainsi il ne peut être encore bien ancien. L'apparition de *Cayoumortz* (l'homme taureau, le premier homme) est précédée de la création d'une grande eau (1).

_____

(1) Zendavesta d'Anquetil, tom. II, pag. 354.

Du reste, il serait aussi inutile de demander aux Parsis une histoire sérieuse pour les temps anciens qu'aux autres orientaux; les Mages n'en ont pas plus laissé que les Brames ou les Chaldéens. Je n'en voudrais pour preuve que les incertitudes sur l'époque de Zoroastre. On prétend même que le peu d'histoire qu'ils pouvaient avoir, ce qui regardait les Achéménides, les successeurs de Cyrus jusqu'à Alexandre, a été altéré exprès, et d'après un ordre officiel d'un monarque Sassanide (1).

Pour retrouver des dates authentiques du commencement des empires, et des traces du grand cataclisme, il faut donc aller jusqu'au-delà des grands déserts de la Tartarie. Vers l'orient et vers le nord habite une autre race, dont toutes les institutions, tous les procédés diffèrent autant des nôtres que sa figure et son tempérament. Elle parle en monosyllabes; elle écrit en hiéroglyphes arbitraires; elle n'a qu'une morale politique sans religion, car les

_____

(1) Mazoudi, ap. Sacy, manuscrits de la Bibliothèque du Roi, tom. VIII, pag. 161.

superstitions de Fo lui sont venues des Indiens. Son teint jaune, ses joues saillantes, ses yeux étroits et obliques, sa barbe peu fournie la rendent si différente de nous, qu'on est tenté de croire que ses ancêtres et les nôtres ont échappé à la grande catastrophe par deux côtés différents; mais, quoi qu'il en soit, ils datent leur déluge à peu près de la même époque que nous.

Le Chouking est le plus ancien des livres des Chinois (1); on assure qu'il fut rédigé par Confucius avec des lambeaux d'ouvrages antérieurs, il y a environ deux mille deux cent cinquante-cinq ans. Deux cents ans plus tard arriva, dit-on, la persécution des lettrés et la destruction des livres sous l'empereur Chi-Hoangti, qui voulait détruire les traces du gouvernement féodal établi sous la dynastie antérieure à la sienne. Quarante ans plus tard, sous la dynastie qui avait renversé celle à laquelle appartenait Chi-Hoangti, une partie du Chouking

_____

(1) Voyez la préface de l'édition du Chouking, donnée par M. de Guignes.

fut restituée de mémoire par un vieux lettré, et une autre fut retrouvée dans un tombeau; mais près de la moitié fut perdue pour toujours. Or ce livre, le plus authentique de la Chine, commence l'histoire de ce pays par un empereur nommé *Yao*, qu'il nous représente occupé à faire écouler les eaux *qui, s'étant élevées jusqu'au ciel, baignaient encore le pied des plus hautes montagnes, couvraient les collines moins élevées, et rendaient les plaines impraticables* (1). Ce Yao date, selon les uns, de quatre mille cent soixante-trois, selon les autres, de trois mille neuf cent quarante-trois ans avant le temps actuel. La variété des opinions sur cette époque va même jusqu'à deux cent quatre-vingt-quatre ans.

Quelques pages plus loin, on nous montre Yu, ministre et ingénieur, rétablissant le cours des eaux, élevant des digues, creusant des canaux, et réglant les impôts de chaque province dans toute la Chine, c'est-à-dire dans un

(1) Chouking, traduction française, pag. 9.

empire de six cents lieues en tout sens; mais l'impossibilité de semblables opérations, après de semblables événements, montre bien qu'il ne s'agit ici que d'un roman moral et politique (1).

Des historiens plus modernes ont ajouté une suite d'empereurs avant Yao, mais avec une foule de circonstances fabuleuses, sans oser leur assigner d'époques fixes, en variant sans cesse entre eux, même sur leur nombre et sur leurs noms, et sans être approuvés de tous leurs compatriotes. Fouhi, avec son corps de serpent, sa tête de bœuf et ses dents de tortue, ses successeurs non moins monstrueux, sont aussi absurdes et n'ont pas plus existé qu'Encelade et Briarée.

Est-il possible que ce soit un simple hasard qui donne un résultat aussi frappant, et qui fasse remonter à peu près à quarante siècles l'origine traditionnelle des monarchies assyrienne, indienne et chinoise? Les idées de

(1) C'est le Yu-Kong ou le premier chap. de la deuxième partie du Chouking, pag. 43 à 60.

peuples qui ont eu si peu de rapports ensemble, dont la langue, la religion, les lois
n'ont rien de commun, s'accorderaient-elles sur
ce point si elles n'avaient la vérité pour base?

Nous ne demanderons pas de dates précises
aux Américains, qui n'avaient point de véritable écriture, et dont les plus anciennes traditions ne remontaient qu'à quelques siècles
avant l'arrivée des Espagnols ; et cependant
l'on croit encore apercevoir des traces d'un
déluge dans leurs grossiers hiéroglyphes. Ils
ont leur Noé, ou leur Deucalion, comme les
Indiens, comme les Babyloniens, comme les
Grecs (1).

La plus dégradée des races humaines, celle
des nègres, dont les formes s'approchent le plus
de la brute, et dont l'intelligence ne s'est élevée nulle part au point d'arriver à un gouvernement régulier, ni à la moindre apparence de
connaissances suivies, n'a conservé nulle part
d'annales ni de traditions anciennes. Elle ne

_____

(1) Voyez l'excellent et magnifique ouvrage de M. de
Humboldt, sur les monuments mexicains.

peut donc nous instruire sur ce que nous cherchons, quoique tous ses caractères nous montrent clairement qu'elle a échappé à la grande
catastrophe sur un autre point que les races
caucasique et altaïque, dont elle était peut-
être séparée depuis long-temps quand cette
catastrophe arriva.

Mais, dit-on, si les anciens peuples ne nous
ont pas laissé d'histoire, leur longue existence
en corps de nation n'en est pas moins attestée
par les progrès qu'ils avaient faits dans l'astronomie; par des observations dont la date est
facile à assigner, et même par des monuments
encore subsistants et qui portent eux-mêmes
leurs dates.

Ainsi, la longueur de l'année, telle que les
Égyptiens sont supposés l'avoir déterminée d'a-
près le lever héliaque de Sirius, se trouve juste
pour une période comprise entre l'année trois
mille et l'année mille avant Jésus-Christ, période dans laquelle tombent aussi les traditions
de leurs conquêtes et de la grande prospérité
de leur empire. Cette justesse prouve à quel
point ils avaient porté l'exactitude de leurs

observations, et fait sentir qu'ils se livraient depuis long-temps à des travaux semblables.

Pour apprécier ce raisonnement, il est nécessaire que nous entrions ici dans quelques explications.

Le solstice est le moment de l'année où commence la crue du Nil, et celui que les Égyptiens ont dû observer avec le plus d'attention. S'étant fait dans l'origine sur de mauvaises observations une année civile ou sacrée de trois cent soixante-cinq jours juste, ils voulurent la conserver par des motifs superstitieux, même après qu'ils se furent aperçus qu'elle ne s'accordait pas avec l'année naturelle ou tropique, et ne ramenait pas les saisons aux mêmes jours (1). Cependant c'était cette année tropique qu'il leur importait de marquer pour se diriger dans leurs opérations agricoles. Ils durent donc chercher dans le ciel un signe apparent de son retour, et ils imaginèrent qu'ils

_____

(1) Geminus, contemporain de Cicéron, explique au long leurs motifs. Voyez l'édition qu'en donne M. Halma à la suite du Ptolomée, page 43.

trouveraient ce signe quand le soleil reviendrait à la même position, relativement à quelque étoile remarquable. Ainsi ils s'appliquèrent, comme presque tous les peuples qui commencent cette recherche, à observer les levers et les couchers héliaques des astres. Nous savons qu'ils choisirent particulièrement le lever héliaque de Sirius; d'abord, sans doute, à cause de la beauté de l'étoile, et surtout parce que dans ces anciens temps ce lever de Sirius coïncidant à peu près avec le solstice, et annonçant l'inondation, était pour eux le phénomène de ce genre le plus important. Il arriva même de là que Sirius, sous le nom de Sothis, joua le plus grand rôle dans toute leur mythologie et dans leurs rites religieux. Supposant donc que le retour du lever héliaque de Sirius et l'année tropique étaient de même durée, et croyant enfin reconnaître que cette durée était de trois cent soixante-cinq jours et un quart, ils imaginèrent une période après laquelle l'année tropique et l'ancienne année, l'année sacrée de trois cent soixante-cinq jours seulement, devaient revenir au même jour; période qui, d'après ces données peu exactes, était nécessairement de mille quatre cent soixante-une années sacrées et de mille quatre cent soixante de ces années perfectionnées auxquelles ils donnèrent le nom d'années de Sirius.

Ils prirent pour point de départ de cette période, qu'ils appelèrent année sothiaque ou grande année, une année civile, dont le premier jour était ou avait été aussi celui d'un lever héliaque de Sirius; et l'on sait, par le témoignage positif de Censorin, qu'une de ces grandes années avait pris fin en cent trente-huit de Jésus-Christ (1) : par conséquent elle avait commencé en mille trois cent vingt-deux avant Jésus-Christ, et celle qui l'avait précédée en deux mille sept cent quatre-vingt-deux. En effet, par des calculs de M. Ideler, on reconnaît que Sirius s'est levé héliaquement le 20 juillet de l'année julienne cent trente-neuf, jour qui répondait cette année-là au premier

_____

(1) Tout ce système est développé par Censorin : de Die natali, cap. XVIII et XXI.

de Thot ou au premier jour de l'année sacrée égyptienne (1).

Mais non-seulement la position du soleil, par rapport aux étoiles de l'écliptique, ou l'année sidérale, n'est pas la même que l'année tropique, à cause de la précession des équinoxes; l'année héliaque d'une étoile, ou la période de son lever héliaque, surtout lorsqu'elle est éloignée de l'écliptique, diffère encore de l'année sidérale, et en diffère diversement selon les latitudes des lieux où on l'observe. Ce qui est assez singulier cependant, et ce que déjà Bainbridge (2) et le père Petau (3) ont fait observer (4), il est arrivé, par un concours remarquable dans les positions, que sous la lati-

_____

(1) Ideler. Recherches historiques sur les observations astronomiques des anciens, traduction de M. Halma, à la suite de son Canon de Ptolomée, pag. 32 et suivantes.

(2) Bainbridge. Canicul.

(3) Petau. Var. Diss., lib. v, cap. 6, pag. 108.

(4) Voyez aussi La Nauze, sur l'année égyptienne, Académie des belles-lettres, tom. xiv, pag. 346; et le Mémoire de M. Fourier, dans le grand ouvrage sur l'Égypte, Mém., tom. i, pag. 803.

tude de la Haute-Égypte, à une certaine époque
et pendant un certain nombre de siècles, l'année de Sirius était réellement, à très-peu de
chose près, de trois cent soixante-cinq jours
et un quart; en sorte que le lever héliaque de
cette étoile revint en effet au même jour de
l'année julienne, au 20 juillet, en 1522 avant
et en 138 après Jésus-Christ (1).

De cette coïncidence effective, à cette époque
reculée, M. le baron Fourier, qui a constaté
tous ces rapports par un grand travail et par de
nouveaux calculs, conclut que puisque la longueur de l'année de Sirius était si parfaitement
connue des Égyptiens, il fallait qu'ils l'eussent

---

(1) Petau, loc. cit. M. Ideler affirme que cette rencontre du lever héliaque de Sirius eut aussi lieu en 2782
avant Jésus-Christ. (Recherches historiques dans le Ptolomée de M. Halma, tom. IV, pag. 37.) Mais pour l'année julienne 1598 de Jésus-Christ, qui est aussi la dernière d'une grande année, le père Petau et M. Ideler
diffèrent beaucoup entre eux. Celui-ci met le lever héliaque de Sirius au 22 juillet; le premier le place au 19
ou au 20 d'août.

déterminée sur des observations faites pendant long-temps et avec beaucoup d'exactitude, observations qui remontaient au moins à deux mille cinq cents ans avant notre ère, et qui n'auraient pu se faire ni beaucoup avant, ni beaucoup après cet intervalle de temps (1).

Certainement ce résultat serait très-frappant si c'était directement et par des observations faites sur Sirius lui-même qu'ils eussent fixé la longueur de l'année de Sirius ; mais des astronomes expérimentés affirment qu'il est impossible que le lever héliaque d'une étoile ait pu servir de base à des observations exactes sur un pareil sujet, surtout dans un climat où *le tour de l'horizon est toujours tellement chargé de vapeurs, que dans les belles nuits on ne voit jamais d'étoiles à quelques degrés au-dessus de l'horizon, dans les seconde et troisième grandeurs, et que le soleil même, à son lever et à*

----

(1) Voyez, dans le grand ouvrage sur l'Égypte, Antiquités, Mémoires, tom. 1, pag. 803, l'ingénieux Mémoire de M. Fourier, intitulé Recherches sur les sciences et le gouvernement de l'Égypte.

son coucher, se trouve entièrement déformé (1).
Ils soutiennent que si la longueur de l'année
n'eût pas été reconnue autrement, on aurait
pu s'y tromper d'un et de deux jours (2). Ils
ne doutent donc pas que cette durée de trois
cent soixante-cinq jours un quart ne soit celle
de l'année tropique, mal déterminée par l'observation de l'ombre ou par celle du point où
le soleil se levait chaque jour, et identifiée
par ignorance avec l'année héliaque de Sirius ;
en sorte que ce serait un pur hasard qui aurait
fixé avec tant de justesse la durée de celle-ci
pour l'époque dont il est question (3).

Peut-être jugera-t-on aussi que des hommes

---

(1) Ce sont les expressions de feu Nouet, astronome de
l'expédition d'Égypte. Voyez Volney, Recherches nouvelles sur l'histoire ancienne, tom. III.

(2) Delambre, Abrégé d'Astronomie, pag. 217; et dans
sa note sur les paranatellons, Histoire de l'Astronomie du
moyen âge, pag. lij.

(3) Delambre. Rapport sur le Mémoire de M. de Paravey sur la sphère, dans le tom. VIII des nouvelles Annales des Voyages.

capables d'observations si exactes, et qui les
auraient continuées pendant si long-temps,
n'auraient pas donné à Sirius assez d'importance pour lui vouer un culte; car ils auraient
vu que les rapports de son lever avec l'année
tropique et avec la crue du Nil n'étaient que
temporaires, et n'avaient lieu qu'à une latitude
déterminée. En effet, selon les calculs de M. Ideler, en 2782 avant Jésus-Christ, Sirius se montra dans la Haute-Égypte, le deuxième jour
après le solstice; en 1322, le treizième; et en
159 de Jésus-Christ, le vingt-sixième (1). Aujourd'hui il ne se lève héliaquement que plus
d'un mois après le solstice. Les Égyptiens se
seraient donc attachés de préférence à trouver
l'époque qui ramènerait la coïncidence du commencement de leur année sacrée avec celui de
la véritable année tropique; et alors ils auraient reconnu que leur grande période devait
être de mille cinq cent huit années sacrées,
et non pas de mille quatre cent soixante-

_____

(1) Ideler, loc. cit, pag. 38.

une (1). Or, on ne trouve certainement aucune trace de cette période de mille cinq cent huit ans dans l'antiquité.

En général, peut-on se défendre de l'idée que si les Égyptiens avaient eu de si longues suites d'observations, et d'observations exactes, leur disciple Eudoxe, qui étudia treize ans parmi eux, aurait porté en Grèce une astronomie plus parfaite, des cartes du ciel moins grossiè-res, plus cohérentes dans leurs diverses par-ties (2)?

Comment la précession n'aurait-elle été con-nue aux Grecs que par les ouvrages d'Hip-parque, si elle eût été consignée dans les re-gistres des Égyptiens, et écrite en caractères si manifestes aux plafonds de leurs temples?

Comment enfin Ptolomée, qui écrivait en

---

(1) Voyez Laplace, Système du Monde, troisième édi-tion, pag. 17; et Annuaire de 1818.

(2) Voyez, sur la grossièreté des déterminations de la sphère d'Eudoxe, M. Delambre, dans le premier tome de son Histoire de l'Astronomie ancienne, pag. 120 et suivantes.

Égypte, n'aurait-il daigné se servir d'aucune des observations des Égyptiens (1)?

Il y a plus, c'est qu'Hérodote, qui a tant vécu avec eux, ne parle nullement de ces six heures qu'ils ajoutaient à l'année sacrée, ni de cette grande période sothiaque qui en résultait; il dit au contraire positivement que, les Égyptiens faisant leur année de trois cent soixante-cinq jours, les saisons reviennent au même point, en sorte que de son temps on ne paraît pas encore s'être douté de la nécessité de ce quart de jour (2). Thalès, qui avait visité les prêtres d'Égypte moins d'un siècle avant Hérodote, ne fit aussi connaître à ses compatriotes qu'une année de trois cent soixante-cinq jours seulement (3); et si l'on réfléchit que les colonies sorties de l'Égypte quatorze ou quinze cents ans avant Jésus-Christ, les Juifs, les Athé-

---

(1) Voyez le discours préliminaire de l'Histoire de l'Astronomie du moyen âge, par M. Delambre, pag. viij et suivantes.

(2) Euterpe, chapitre iv.

(3) Diog. Laert., lib. i, in Thalet.

niens, en ont toutes apporté l'année lunaire, on jugera peut-être que l'année de trois cent soixante-cinq jours elle-même n'existait pas encore en Égypte dans ces siècles reculés.

Je n'ignore pas que Macrobe (1) attribue aux Égyptiens une année solaire de trois cent soixante-cinq jours un quart; mais cet auteur récent comparativement, et venu long-temps après l'établissement de l'année fixe d'Alexandrie, a pu confondre les époques. Diodore (2) et Strabon (3) ne donnent une telle année qu'aux Thébains : ils ne disent pas qu'elle fût d'un usage général, et eux-mêmes ne sont venus que long-temps après Hérodote.

Ainsi l'année sothiaque, la grande année, a dû être une invention assez récente, puisqu'elle résulte de la comparaison de l'année civile avec cette prétendue année héliaque de Sirius; et c'est pourquoi il n'en est parlé que dans des ouvrages du second et du troisième siècle après

(1) Saturnal., lib. 1, cap. xv.
(2) Bibl., lib. 1, pag. mea 46.
(3) Geogr., pag. 102.

Jésus-Christ (1), et que le Syncelle seul, dans le neuvième, semble citer Manéthon comme en ayant fait mention.

On prend, malgré qu'on en ait, les mêmes idées de la science astronomique des Chaldéens. Qu'un peuple qui habitait de vastes plaines, sous un ciel toujours pur, ait été porté à observer le cours des astres, même dès l'époque où il était encore nomade, et où les astres seuls pouvaient diriger ses courses pendant la nuit, c'est ce qu'il était naturel de penser; mais depuis quand étaient-ils astronomes, et jusqu'où ont-ils poussé l'astronomie? Voilà la question. On veut que Callisthènes ait envoyé à Aristote des observations faites par eux, et qui remonteraient à deux mille deux cents ans avant Jésus-Christ. Mais ce fait n'est rapporté que par Simplicius (2), à ce qu'il dit d'après Porphyre,

---

(1) Voyez, sur la nouveauté probable de cette période, l'excellente dissertation de M. Biot, dans ses Recherches sur plusieurs points de l'astronomie égyptienne, pag. 148 et suivantes.

(2) Voyez M. Delambre, Histoire de l'Astronomie,

et six cents ans après Aristote. Aristote lui-
même n'en a rien dit; aucun véritable astronome n'en a parlé. Ptolomée rapporte et emploie dix observations d'éclipses véritablement
faites par les Chaldéens; mais elles ne remontent
qu'à Nabonassar (sept cent vingt-un ans avant
Jésus-Christ); elles sont grossières; le temps
n'y est exprimé qu'en heures et en demi-heures,
et l'ombre qu'en demi ou en quarts de dia-
mètre. Cependant, comme elles avaient des
dates certaines, les Chaldéens devaient avoir
quelque connaissance de la vraie longueur de
l'année et quelque moyen de mesurer le temps.
Ils paraissent avoir connu la période de dix-huit
ans qui ramène les éclipses de lune dans le
même ordre, et que la simple inspection de
leurs registres devait promptement leur donner; mais il est constant qu'ils ne savaient ni
expliquer, ni prédire les éclipses de soleil.

---

tom. 1, pag. 212. Voyez aussi son analyse de Geminus,
ibid., pag. 211. Comparez-la avec les Mémoires de
M. Ideler, sur l'Astronomie des Chaldéens, dans le quatrième tome du Ptolomée de M. Halma, pag. 166.

C'est pour n'avoir pas entendu un passage de Josèphe, que Cassini, et d'après lui Bailly, ont prétendu y trouver une période luni-solaire de six cents ans qui aurait été connue des premiers patriarches (1).

Ainsi tout porte à croire que cette grande réputation des Chaldéens leur a été faite, à des époques récentes, par les indignes successeurs qui, sous le même nom, vendaient dans tout l'empire romain des horoscopes et des prédictions, et qui, pour se procurer plus de crédit, attribuaient à leurs grossiers ancêtres l'honneur des découvertes des Grecs.

Quant aux Indiens, chacun sait que Bailly, croyant que l'époque qui sert de point de départ à quelques-unes de leurs tables astronomiques avait été effectivement observée, a voulu en tirer une preuve de la haute antiquité de la science parmi ce peuple, ou du moins chez la nation qui lui aurait légué ses connais-

_____

(1) Voyez Bailly, Histoire de l'Astronomie ancienne; et M. Delambre, dans son ouvrage sur le même sujet, tom. 1, pag. 3.

sances; mais tout ce système si péniblement conçu tombe de lui-même, aujourd'hui qu'il est prouvé que cette époque a été adoptée après coup sur des calculs faits en rétrogradant, et dont le résultat était faux (1).

M. Bentley a reconnu que les tables de Tir-valour, sur lesquelles portait surtout l'asser-tion de Bailly, ont dû être calculées vers 1281 de Jésus-Christ (il y a cinq cent quarante ans), et que le Surya-Siddhanta, que les brames re-gardent comme leur plus ancien traité scien-tifique d'astronomie, et qu'ils prétendent révélé depuis plus de vingt millions d'années, ne peut avoir été composé qu'il y a environ sept cent soixante ans (2).

---

(1) Voyez Laplace, Exposé du Système du Monde, pag. 330; et le Mémoire de M. Davis, sur les calculs astronomiques des Indiens, Mém. de Calcutta, tom. II, pag. 225 de l'édition in-8°.

(2) Voyez les Mémoires de M. Bentley sur l'antiquité du Surya-Siddhanta, Mém. de Calcutta, tom. VI, p. 540; et sur les systèmes astronomiques des Indiens, *ibid.*, tom. VIII, pag. 195 de l'édition in-8°.

Des solstices, des équinoxes indiqués dans les Pouranas, et calculés d'après les positions que semblaient leur attribuer les signes du zodiaque indien, tels qu'on croyait les connaître, avaient paru d'une antiquité énorme. Une étude plus exacte de ces signes ou nacchatrons a montré récemment à M. de Paravey qu'il ne s'agit que de solstices de douze cents ans avant Jésus-Christ. Cet auteur avoue en même temps que le lieu de ces solstices est si grossièrement fixé, qu'on ne peut répondre de cette détermination à deux ou trois siècles près. Ce sont les mêmes que ceux d'Eudoxe, que ceux de Tchéoukong (1).

Il est bien avéré que les Indiens n'observent pas, et qu'ils ne possèdent aucun des instruments nécessaires pour cela. M. Delambre reconnaît à la vérité, avec Bailly et Legentil, qu'ils ont des procédés de calculs qui, sans prouver l'ancienneté de leur astronomie, en montrent

_____

(1) Mémoires encore manuscrits de M. de Paravey, sur la sphère de la Haute-Asie.

au moins l'originalité (1); et toutefois on ne
peut étendre cette conclusion à leur sphère;
car, indépendamment de leurs vingt-sept nacchatrons ou maisons lunaires, qui ressemblent
beaucoup à celles des Arabes, ils ont au zodiaque les mêmes douze constellations que les
Égyptiens, les Chaldéens et les Grecs (2); et
si l'on s'en rapportait aux assertions de M. Wilford, leurs constellations extra-zodiacales seraient aussi les mêmes que celles des Grecs, et
porteraient des noms qui ne sont que de légères
altérations de leurs noms grecs (3).

---

(1) Voyez le traité approfondi sur l'astronomie des Indiens dans l'Histoire de l'Astronomie ancienne de M. Delambre, tom. 1, pag. 400 à 556.

(2) Voyez le Mémoire de sir Will. Johnes sur l'antiquité du zodiaque indien, Mém. de Calcutta, tom. 11,
pag. 289 de l'édition in-8°, et dans la traduction française, tom. 11, pag. 332.

(3) Voici les propres paroles de M. Wilford, dans son
Mémoire sur les témoignages des anciens livres indous
touchant l'Égypte et le Nil, Mémoires de Calcutta,
tom. 111, pag. 433 de l'édition in-8° :

« Ayant demandé à mon pandit, qui est un savant as-

C'est à Yao que l'on attribue l'introduction de l'astronomie à la Chine : il envoya, dit le Chouking, des astronomes vers les quatre points cardinaux de son empire pour examiner quelles étoiles présidaient aux quatre saisons, et pour régler ce qu'il y avait à faire dans chaque temps de l'année (1), comme s'il eût fallu se disperser pour une semblable opéra-

---

« tronome, de me désigner dans le ciel la constellation
« d'Antarmada, il me dirigea aussitôt sur Andromède,
« que j'avais eu soin de ne pas lui montrer comme un
« astérisme qui me serait connu. Il m'apporta ensuite
« un livre très-rare et très-curieux, en sanscrit, où se
« trouvait un chapitre particulier sur les Upanacshatras
« ou constellations extra-zodiacales, avec des dessins
« de Capéya, de Câsyapè assise, tenant une fleur de lo-
« tus à la main, d'Antarmada enchaînée avec le poisson
« près d'elle, et de Pârasica tenant la tête d'un monstre
« qu'il avait tué, dégouttant de sang et avec des serpents
« pour cheveux. »

Qui ne reconnaîtrait là Persée, Céphée et Cassiopée ? Mais n'oublions pas que ce pandit de M. Wilford est devenu bien suspect.

(1) Chouking, pag. 6 et 7.

tion. Environ deux cents ans plus tard, le Chouking parle d'une éclipse de soleil, mais avec
des circonstances ridicules, comme dans toutes
les fables de cette espèce; car on fait marcher
un général et toute l'armée chinoise contre
deux astronomes, parce qu'ils ne l'avaient pas
bien prédite (1); et l'on sait que, plus de deux
mille ans après, les astronomes chinois n'avaient
aucun moyen de prédire exactement les éclipses de soleil. En 1629 de notre ère, lors de
leur dispute avec les jésuites, ils ne savaient
pas même calculer les ombres.

Les véritables éclipses, rapportées par Confucius dans sa chronique du royaume de Lou,
ne commencent que mille quatre cents ans
après celle-là, en 776 avant Jésus-Christ, et
à peine un demi-siècle plus haut que celles des
Chaldéens rapportées par Ptolomée; tant il est
vrai que les nations échappées en même temps
à la destruction sont aussi arrivées vers le même
temps, quand les circonstances ont été sem-

_____

(1) Chouking, pag. 66 et suivantes.

blables, à un même degré de civilisation. Or, on croirait, d'après l'identité de nom des astronomes chinois sous différents règnes (ils paraissent, d'après le Chouking, s'être tous appelés *Hi* et *Ho*), qu'à cette époque reculée, leur profession était héréditaire en Chine comme dans l'Inde, en Égypte et à Babylone.

La seule observation chinoise plus ancienne, qui ne porte pas en elle-même la preuve de sa fausseté, serait celle de l'ombre faite par Tcheou-Kong vers 1100 avant Jésus-Christ; encore est-elle au moins assez grossière (1).

Ainsi nos lecteurs peuvent juger que les inductions tirées d'une haute perfection de l'astronomie des anciens peuples ne sont pas plus concluantes en faveur de l'excessive antiquité de ces peuples que les témoignages qu'ils se sont rendus à eux-mêmes.

Mais quand cette astronomie aurait été plus

---

(1) Voyez dans la Connaissance des Temps de 1809, pag. 382, et dans l'Histoire de l'Astronomie ancienne de M. Delambre, tom. 1, pag. 391, l'extrait d'un Mémoire du P. Gaubil sur les observations des Chinois.

parfaite, que prouverait-elle? A-t-on calculé les progrès que devait faire une science dans le sein de nations qui n'en avaient en quelque sorte point d'autres; chez qui la sérénité du ciel, les besoins de la vie pastorale ou agricole et la superstition faisaient des astres l'objet de la contemplation générale; où des colléges d'hommes les plus respectés étaient chargés de tenir registre des phénomènes intéressants, et d'en transmettre la mémoire; où l'hérédité de la profession faisait que les enfants étaient dès le berceau nourris dans les connaissances acquises par leurs pères? Que parmi les nombreux individus dont l'astronomie était la seule occupation, il se soit trouvé un ou deux esprits géométriques, et tout ce que ces peuples ont su a pu se découvrir en quelques siècles.

Songeons que, depuis les Chaldéens, la véritable astronomie n'a eu que deux âges, celui de l'école d'Alexandrie qui a duré quatre cents ans, et le nôtre qui n'a pas été aussi long. A peine l'âge des Arabes y a-t-il ajouté quelque chose. Les autres siècles ont été nuls pour elle. Il ne s'est pas écoulé trois cents ans entre Copernic et l'auteur de la Mécanique céleste, et l'on veut que les Indiens aient eu besoin de milliers d'années pour arriver à leurs informes théories (1)?

On a donc eu recours à des arguments d'un autre genre. On a prétendu qu'indépendamment de ce qu'ils ont pu savoir, ces peuples ont laissé des monuments qui portent, par l'état du ciel qu'ils représentent, une date certaine et une date très- reculée; et les zodiaques sculptés dans deux temples de la Haute-Égypte parurent, il y a quelques années, fournir pour cette assertion des preuves tout-à-fait démonstratives. Ils offrent les mêmes figures des constellations zodiacales que nous employons

Les monuments astronomiques laissés par les anciens ne portent pas les dates excessivement reculées que l'on a cru y voir.

(1) Le traducteur anglais de ce discours cite, à ce sujet, l'exemple du célèbre James Ferguson, qui était berger dans son enfance, et qui, en gardant les troupeaux pendant la nuit, eut de lui-même l'idée de se faire une carte céleste, et la dessina peut-être mieux qu'aucun astronome chaldéen. On raconte quelque chose d'assez semblable de Jamerey Duval.

aujourd'hui, mais distribuées d'une façon particulière. On crut voir dans cette distribution
une représentation de l'état du ciel au moment
où l'on avait dessiné ces monuments, et l'on
pensa qu'il serait possible d'en conclure la date
de la construction des édifices qui les contiennent (1).

Mais pour en venir à la haute antiquité que
l'on prétendait en déduire, il fallut supposer

(1) Ainsi à Dendera (l'ancienne Tentyris), ville au-
dessous de Thèbes, dans le portique du grand temple
dont l'entrée regarde le nord (*), on voit au plafond les
signes du zodiaque marchant sur deux bandes, dont l'une
est le long du côté oriental et l'autre du côté opposé :
elles sont embrassées chacune par une figure de femme
aussi longue qu'elle, dont les pieds sont vers l'entrée,
la tête et les bras vers le fond du portique : par conséquent les pieds sont au nord et les têtes au sud.

Le lion est en tête de la bande qui est à l'occident ; il
se dirige vers le nord ou vers les pieds de la figure de
femme, et il a lui-même les pieds vers le mur oriental.
La vierge, la balance, le scorpion, le sagittaire et le

(*) Voyez le grand ouvrage sur l'Égypte, Antiquités, vol. ɪv, pl. xx.

premièrement que leur division avait un rapport déterminé avec un certain état du ciel, dépendant de la précession des équinoxes, qui fait faire aux colures le tour du zodiaque en vingt-six mille ans; qu'elle indiquait, par exemple, la position du point solsticial; et secondement, que l'état du ciel représenté était précisément celui qui avait lieu à l'époque où le monument a été construit; deux suppositions

---

capricorne le suivent, marchant sur une même ligne. Ce dernier se trouve vers le fond du portique et près des mains et de la tête de la grande figure de femme. Les signes de la bande orientale commencent à l'extrémité où ceux de l'autre bande finissent, et se dirigent par conséquent vers le fond du portique ou vers les bras de la grande figure. Ils ont les pieds vers le mur latéral de leur côté, et les têtes en sens contraire de celles de la bande opposée. Le verseau marche le premier suivi des poissons, du bélier, du taureau, des gémeaux. Le dernier de la série, qui est le cancer ou plutôt le scarabé, car c'est par cet insecte que le cancer des Grecs est remplacé dans les zodiaques d'Égypte, est jeté de côté sur les jambes de la grande figure. A la place qu'il aurait dû occuper est un globe posé sur le sommet d'une pyramide composée de

qui en supposaient elles-mêmes, comme on
voit, un grand nombre d'autres.

---

petits triangles qui représentent des espèces de rayons,
et devant la base de laquelle est une grande tête de
femme avec deux petites cornes. Un second scarabé est
placé de côté et en travers sur la première bande, dans
l'angle que les pieds de la grande figure forment avec
le corps et en avant de l'espace où marche le lion, lequel
est un peu en arrière. A l'autre bout de cette même bande,
le capricorne est très-près du fond ou des bras de la
grande figure, et sur la bande à gauche le verseau en est
assez éloigné : cependant le capricorne n'est pas répété
comme le cancer. La division de ce zodiaque, dès l'entrée, se fait donc entre le lion et le cancer; ou si l'on
pense que la répétition du scarabé marque une division
du signe, elle a lieu dans le cancer lui-même; mais
celle du fond se fait entre le capricorne et le verseau.

Dans une des salles intérieures du même temple était
un planisphère circulaire inscrit dans un carré, celui-là
même qui a été apporté à Paris par M. Lelorrain, et que
l'on voit à la Bibliothèque du Roi. On y remarque aussi
les signes du zodiaque parmi beaucoup d'autres figures
qui paraissent représenter des constellations (*).

(*) Voyez le grand ouvrage sur l'Égypte, Antiquités, vol. IV, planche XXI.

En effet, les figures de ces zodiaques sont-elles les constellations, les vrais groupes d'é-

---

Le lion y répond à l'une des diagonales du carré ; la vierge, qui le suit, répond à une ligne perpendiculaire qui est dirigée vers l'orient ; les autres signes marchent dans l'ordre connu jusqu'au cancer, qui, au lieu de compléter la chaîne en répondant au niveau du lion, est placé au-dessus de lui, plus près du centre du cercle, en sorte que les signes sont sur une ligne un peu spirale.

Ce cancer, ou plutôt ce scarabé, marche en sens contraire des autres signes. Les gémeaux répondent au nord, le sagittaire au midi et les poissons à l'orient, mais pas très-exactement. Au côté oriental de ce planisphère est une grande figure de femme, la tête dirigée vers le midi et les pieds vers le nord, comme celle du portique.

On pourrait donc aussi élever quelque doute sur le point de ce second zodiaque où il faudrait commencer la série des signes. Suivant que l'on prendra une des perpendiculaires ou une des diagonales, ou l'endroit où une partie de la série passe sur l'autre partie, on le jugera divisé au lion, ou bien entre le lion et le cancer, ou bien enfin aux gémeaux.

A Esné (l'ancienne Latopolis), ville placée au-dessus de Thèbes, il y a des zodiaques aux plafonds de deux temples différents.

Celui du grand temple, dont l'entrée regarde le levant,

toiles qui portent aujourd'hui les mêmes noms,
ou simplement ce que les astronomes appellent
des signes, c'est-à-dire des divisions du zodiaque partant de l'un des colures, quelque place
que ce colure occupe?

---

est sur deux bandes contiguës et parallèles l'une à l'autre
le long du côté sud du plafond (*).

Les figures de femmes qui les embrassent ne sont pas
sur leur longueur, mais sur leur largeur, en sorte que
l'une est en travers près de l'entrée ou à l'orient, la tête
et les bras vers le nord, et les pieds vers le mur latéral
ou vers le sud, et que l'autre est dans le fond du portique également en travers et regardant la première.

La bande la plus voisine de l'axe du portique ou du
nord présente d'abord, du côté de l'entrée ou de l'orient
et vers la tête de la figure de femme, le lion placé un peu
en arrière et marchant vers le fond, les pieds du côté du
mur latéral; derrière le lion, à l'origine de la bande,
sont deux lions plus petits; au devant de lui est le scarabé, et ensuite les gémeaux marchant dans le même
sens; puis le taureau et le bélier, et les poissons, rapprochés les uns des autres, placés en travers sur le milieu de la bande; le taureau la tête vers le mur latéral, le

(*) Voyez le grand ouvrage sur l'Égypte, vol. 1, pl. LXXIX.

Le point où l'on a partagé ces zodiaques en deux bandes est-il nécessairement celui d'un solstice?

La division du côté de l'entrée est-elle nécessairement celle du solstice d'été?

---

bélier vers l'axe. Le verseau est plus loin, et reprend la même direction vers le fond que les trois premiers signes.

Sur la bande la plus voisine du mur latéral et du nord, l'on voit d'abord, mais assez loin du mur du fond ou de l'occident, le capricorne, qui marche en sens contraire du verseau, et se dirige vers l'orient ou l'entrée du portique, les pieds tournés vers le mur latéral. Tout près de lui est le sagittaire, qui répond ainsi aux poissons et au bélier. Il marche aussi vers l'entrée; mais ses pieds sont tournés vers l'axe et en sens contraire de ceux du capricorne.

A une certaine distance en avant, et près l'un de l'autre, sont le scorpion et une femme tenant la balance; enfin un peu plus en avant, mais encore assez loin de l'extrémité antérieure ou orientale, est la vierge, qui est précédée d'un sphinx. La vierge et la femme qui tient la balance ont aussi les pieds vers le mur, en sorte que le sagittaire est le seul qui soit placé la tête à l'envers des autres signes.

Au nord d'Esné est un petit temple isolé, également dirigé

Cette division indique-t-elle, même en général, un phénomène dépendant de la précession des équinoxes?

Ne se rapporterait-elle pas à quelque époque dont la rotation serait moindre; par exemple, au moment de l'année tropique où commençait telle ou telle des années sacrées des Égyptiens,

---

vers l'orient, et dont le portique a encore un zodiaque(*); il est sur deux bandes latérales et écartées; celle qui est le long du côté sud commence par le lion, qui marche vers le fond ou vers l'occident, les pieds tournés vers le mur ou le sud; il est précédé du scarabé, et celui-ci des gémeaux marchant dans le même sens. Le taureau, au contraire, vient à leur rencontre, se dirigeant à l'orient; mais le bélier et les poissons reprennent la direction vers le fond ou vers l'occident.

A la bande du côté du nord, le verseau est près du fond ou de l'occident, marchant vers l'entrée ou l'orient, les pieds tournés vers le mur, précédé du capricorne et du sagittaire, qui marchent dans le même sens. Les autres signes sont perdus; mais il est clair que la vierge devait marcher en tête de cette bande du côté de l'entrée.

Parmi les figures accessoires de ce petit zodiaque on

(*) Voyez le grand ouvrage sur l'Égypte, Antiquités, vol. 1, planche LXXXVII.

lesquelles, étant plus courtes que la véritable
année tropique de près de six heures, faisaient
le tour du zodiaque en mille cinq cent huit ans.

Enfin, quelque sens qu'elle ait eu, a-t-on
voulu marquer par là le temps où le zodiaque
a été sculpté, ou celui où le temple a été construit? N'a-t-on pas eu l'idée de rappeler un état

doit remarquer deux béliers ailés placés en travers, l'un
entre le taureau et les gémeaux, l'autre entre le scorpion
et le sagittaire, et chacun presque au milieu de sa bande,
le second cependant un peu plus avancé vers l'entrée.

On avait pensé d'abord que dans le grand zodiaque
d'Esné la division de l'entrée se fait entre la vierge et le
lion, et celle du fond entre les poissons et le verseau.
Mais M. Hamilton, MM. de Jollois et Villiers, ont cru
voir dans le sphinx qui précède la vierge une répétition
du lion analogue à celle du cancer dans le grand zodiaque
de Dendera; en sorte que, selon eux, la division aurait
lieu dans le lion. En effet, sans cette explication, il n'y
aurait que cinq signes d'un côté et sept de l'autre.

Quant au petit zodiaque du nord d'Esné, on ne sait si
quelque emblème analogue à ce sphinx s'y trouvait, parce
que cette partie est détruite (*).

(*) British Review, février 1817, pag. 136; et à la suite de la Lettre critique sur la Zodiacomanie, pag. 33.

antérieur du ciel à quelque époque intéressante pour la religion, soit qu'on l'ait observé
ou qu'on l'ait conclu par un calcul rétrograde?

D'après le seul énoncé de pareilles questions,
on doit sentir tout ce qu'elles avaient de compliqué, et combien la solution quelconque que
l'on aurait adoptée devait être sujette à contro-
verse, et peu susceptible de servir elle-même
de preuve solide à la solution d'un autre problème tel que l'antiquité de la nation égyptienne. Aussi peut-on dire que parmi ceux qui
essayèrent de tirer de ces données une date,
il s'éleva autant d'opinions qu'il y eut d'auteurs.

Le savant astronome M. Burkard, d'après
un premier aperçu, jugea qu'à Dendera le solstice est dans le lion, par conséquent de deux
signes moins reculé qu'aujourd'hui, et que le
temple a au moins quatre mille ans (1).

Il en donnait en même temps sept mille à
celui d'Esné, sans que l'on sache trop com-

_____

(1) Description des pyramides de Gizé, par M. Grobert, page 117.

ment il entendait faire accorder ces nombres avec ce que l'on connaît de la précession des équinoxes.

Feu Lalande voyant que le cancer était répété sur les deux bandes, imagina que le solstice passait au milieu de cette constellation; mais comme c'était ce qui avait lieu dans la sphère d'Eudoxe, il conclut que quelque Grec pouvait avoir représenté cette sphère au plafond d'un temple égyptien, sans savoir qu'il représentait un état du ciel qui depuis long-tems n'existait plus (1). C'était, comme on voit, une conséquence bien contraire à celle de M. Burkard.

Dupuis, le premier, crut nécessaire de chercher des preuves de cette idée, en quelque sorte adoptée de confiance, qu'il s'agissait du solstice; il les vit, pour le grand zodiaque de Dendera, dans ce globe au sommet de la pyramide, et dans plusieurs emblêmes placés près de différents signes, et qui tantôt, selon d'anciens auteurs, comme Plutarque, Horus-Apollo ou Clément d'Alexandrie, tantôt, selon ses

_____

(1) Connaissance des temps pour l'an xiv.

propres conjectures, devaient représenter des phénomènes qui auraient été réellement ceux des saisons affectées à chaque signe.

Du reste, il soutint que cet état du ciel donne la date du monument, et que l'on avait à Dendera l'original et non pas une copie de la sphère d'Eudoxe, ce qui le conduisit à mille quatre cent soixante-huit ans avant Jésus-Christ, au règne de Sésostris.

Cependant ce nombre de dix-neuf bateaux placés sous chaque bande lui donna l'idée que le solstice pourrait bien avoir été au dix-neuvième degré du signe, ce qui ferait deux cent quatre-vingt-huit ans de plus (1).

M. Hamilton (2) ayant remarqué qu'à Dendera le scarabé du côté des signes ascendants est plus petit que celui de l'autre côté, un auteur anglais (3) en a conclu que le solstice peut

---

(1) Observations sur le zodiaque de Dendera, dans la Revue philosophique et littéraire, an 1806, deuxième trimestre, pages 257 et suivantes.

(2) Ægyptiaca, pag. 212.

(3) Voyez dans le British Review de février 1817, pages

avoir été plus près de son point actuel que le milieu du cancer, ce qui pourrait nous ramener à mille ou mille deux cents ans avant Jésus-Christ.

Feu Nouet, jugeant que ce globe, ces rayons et cette tête cornue ou d'Isis représentent le lever héliaque de Sirius, prétendit que l'on avait voulu marquer une époque de la période sothiaque, mais qu'on avait voulu la marquer par la place qu'occupait le solstice; or, dans l'avant-dernière de ces périodes, celle qui s'est écoulée depuis 2782 jusqu'à 1322 avant Jésus-Christ, le solstice a passé de trente degrés quarante-huit minutes de la constellation du lion à treize degrés trente-quatre minutes du cancer. Au milieu de cette période il était donc à vingt-trois degrés trente-quatre minutes du cancer; le lever héliaque de Sirius arrivait alors quelques jours après le solstice; c'est à peu près ce que l'on a indiqué, selon M. Nouet, par la ré-

136 et suivantes, l'article vi sur l'origine et l'antiquité du zodiaque. Il est traduit à la suite de la Lettre critique sur la Zodiacomanie de Swartz.

pétition du scarabé, et par l'image de Sirius
dans les rayons du soleil placée au commencement de la bande de droite. D'après cette manière de voir, il conclut que ce temple est de
deux mille cinquante-deux ans avant Jésus-
Christ, et celui d'Esné de quatre mille six
cents (1).

Tous ces calculs, même en admettant que
la division marque le solstice, seraient encore
susceptibles de beaucoup de modifications; et
d'abord il paraît que leurs auteurs ont supposé
les constellations toutes de trente degrés comme
les signes, et n'ont pas réfléchi qu'il s'en faut de
beaucoup, du moins comme on les dessine aujourd'hui, et comme les Grecs nous les ont
transmises, qu'elles soient ainsi égales entre
elles. En réalité le solstice, qui est aujourd'hui
en deçà des premières étoiles de la constellation des gémeaux, n'a dû quitter les premières
étoiles de la constellation du cancer que qua-

---

(1) Voyez le mémoire de Nouet dans les recherches
nouvelles sur l'Histoire ancienne de Volney, tome III,
pages 328 à 336.

TABLE

DE L'ÉTENDUE DES CONSTELLATIONS ZODIACALES TELLES QU'ON LES DESSINE SUR NOS GLOBES, ET DU TEMPS QUE LES COLURES ONT DÛ METTRE A LES PARCOURIR.

Étoiles.	Longitudes en 1800.	Année de l'équinoxe.	Année du solstice.	Étoiles.	Longitudes en 1800.	Année de l'équinoxe.	Année du solstice.
	BÉLIER.				BALANCE.		
γ	1ˢ 0° 23' 40"	—389	6869	1 α	7ˢ 11° 0' 44"	—14113	—7633
β	1 1 10 40	—441	6921	2 α	7 12 18 0	—14246	—7926
α	1 4 52 0	—710	7190	β	7 16 35 0	—14514	—8034
η	1 5 18 50	—742	7222	γ	7 22 20 34	—14929	—8449
2 θ	1 6 14 16	—819	7290	γ. Scorp.	7 27 41 0	—15312	—8832
ζ	1 19 8 50	—1739	8219	ξ	7 28 30 15	—15372	—8892
2τ. queue.	1 20 51 0	—1862	8342	»	» » »	»	»
Durée.	20 27 20	1473	1473	Durée.	17 29 31	1259	1259
	TAUREAU.				SCORPION.		
ξ	1 19 6 0	—1735	—8215	1 A	7 28 50 6	—15396	—8916
η	1 27 12 0	—2318	—8798	β	8 0 23 48	—15508	—9028
α	2 6 59 40	—3024	—9504	α	8 6 57 38	—15980	—9500
β	2 19 47 0	—3944	—10424	ζ	8 12 35 30	—16387	—9907
ζ	2 22 0 0	—4104	—10584	γ	8 21 47 27	—17049	—105569
a. Coch.	2 24 42 40	—4300	—10780	»	» » »	»	»
Durée.	35 36 40	2565	2565	Durée.	22 57 21	1653	1653
	GÉMEAUX.				SAGITTAIRE.		
Propus.	2 28 9 20	—4547	—11027	γ	8 28 28 20	—17530	—11050
η	3 0 39 0	—4727	—11207	λ	9 3 32 56	—17895	—11415
γ	3 6 18 40	—5134	—11614	ζ	9 10 50 28	—18421	—11941
δ	3 15 44 0	—5813	—12293	ψ	9 14 15 15	—18667	—12187
Castor.	3 17 27 30	—5937	—12417	ω	9 23 2 19	—19299	—12819
Pollux.	3 20 28 9	—6154	—12634	℧	9 25 39 25	—19487	—13007
ρ	3 22 27 10	—6926	—12776	»	» » »	»	»
Durée.	24 17 40	1749	1749	Durée.	27 11 50	1957	1957
	CANCER.				CAPRICORNE.		
1 ω	3 24 21 55"	6475	+45	1ᵉʳ	9 29 39 15	—19775	—13295
ζ	3 28 32 0	6734	—254	2 α	10 1 3 58	—19877	—13397
β	4 1 28 20	6906	—426	β	10 1 15 30	—19891	—13411
γ	4 4 45 0	7182	—702	ι	10 14 53 30	—20872	—14392
1 α	4 10 18 50	7593	—1103	γ	10 18 59 28	—21166	—14586
2 α	4 10 50 36	7621	—1141	μ	10 23 1 12	—21458	—14978
κ	4 13 23 0	7804	—1324	»	» » »	»	»
Durée.	19 1 5	1369	1369	Durée.	23 21 17	1683	1683
	LION.				VERSEAU.		
κ	4 12 30 0	—7740	—1260	ε	10 8 56 0	—20444	—13964
α	4 27 3 10	—8788	—1908	β	10 20 36 30	—21285	—14805
δ	5 8 30 0	—9612	—3132	α	11 0 34 0	—22001	—15521
β	5 18 50 55	—10357	—3877	ζ	11 6 7 0	—22400	—15920
»	» » » »	»	»	2 ψ	11 13 56 12	—22963	—16483
»	» » » »	»	»	5 A	11 18 3 28	—23260	—16780
Durée.	36 20 55	2617	2617	Durée.	39 7 28	2816	2816

TAUREAU.

ξ	1	19	6 0	—1735	—8215
η	1	27	12 0	—2318	—8798
α	2	6	59 40	—3024	—9504
β	2	19	47 0	—3944	—10424
ζ	2	22	0 0	—4104	—10584
a. Coch.	2	24	42 40	—4300	—10780
Durée.	35	36	40	2565	2565

I A	7	28	50 6	—15396	—8916
β	8	0	23 48	—15508	—9028
α	8	6	57 38	—15980	—9500
ζ	8	12	35 30	—16387	—9907
γ	8	21	47 27	—17049	—10569
»	»	»	»	»	»
Durée.	22	57	21	1653	1653

GÉMEAUX.

Propus.	2	28	9 20	—4547	—11027
η	3	0	39 0	—4727	—11207
γ	3	6	18 40	—5134	—11614
δ	3	15	44 0	—5813	—12293
Castor.	3	17	27 30	—5937	—12417
Pollux.	3	20	28 9	—6154	—12634
φ	3	22	27 10	—6926	—12776
Durée.	24	17	40	1749	1749

SAGITTAIRE.

γ	8	28	28 20	—17530	—11050
λ	9	3	32 56	—17895	—11415
ζ	9	10	50 28	—18421	—11941
ψ	9	14	15 15	—18667	—12187
ω	9	23	2 19	—19299	—12819
Ʊ	9	25	39 25	—19487	—13007
»	»	»	»	»	»
Durée.	27	11	50	1957	1957

CANCER.

1 ω	3	24	21 55"	6475	+45
ζ	3	28	32 0	6734	—254
β	4	1	28 20	6906	—426
γ	4	4	45 0	7182	—702
1 α	4	10	18 50	7583	—1103
2 α	4	10	50 36	7621	—1141
x	4	13	23 0	7804	—1324
Durée.	19	1	5	1369	1369

CAPRICORNE.

1er	9	29	39 15	—19775	—13295
2 α	10	1	3 58	—19877	—13397
β	10	1	15 30	—19891	—13411
ι	10	14	53 30	—20872	—14392
γ	10	18	59 28	—21166	—14586
μ	10	23	1 12	—21458	—14978
»	»	»	»	»	»
Durée.	23	21	17	1683	1683

LION.

x	4	12	30 0	—7740	—1260
α	4	27	3 10	—8788	—1908
δ	5	8	30 0	—9612	—3132
β	5	18	50 55	—10357	—3877
»	»	»	» »	»	»
»	»	»	» »	»	»
Durée.	36	20	55	2617	2617

VERSEAU.

ε	10	8	56 0	—20444	—13964
β	10	20	36 30	—21285	—14805
α	11	0	34 0	—22001	—15521
ζ	11	6	7 0	—22400	—15920
2 ψ	11	13	56 12	—22963	—16483
5 λ	11	18	3 28	—23260	—16780
Durée.	39	7	28	2816	2816

VIERGE.

ω	5	19	2 22	—10371	—3891
β	5	24	19 0	—10750	—4271
η	6	2	2 40	—11307	—4827
δ	6	8	41 40	—11786	—5306
α	6	21	3 15	—12676	—6196
λ	7	4	9 50	—13620	—7140
μ	7	7	17 40	—13845	—7365
Durée.	48	15	18	3474	3474

POISSONS.

β	11	15	49 0	23095	16615
λ	11	23	49 0	23675	17195
δ	12	11	22 0	24939	18459
σ	12	24	26 0	25879	19399
α	12	26	34 58	26034	19554
»	»	»	» »	»	»
»	»	»	» »	»	»
Durée.	40	45	58	2939	2939

Durée moyenne.	30	0	0	2160	
Sirius.	3	11	20 10	0° —5487	270° —18447

rante-cinq ans après Jésus-Christ. Il n'a quitté
la constellation du lion que mille deux cent
soixante ans (1) avant la même ère.

---

(1) Mon célèbre et savant collègue M. Delambre a bien
voulu me donner la note suivante qui éclaircit la remarque ci-dessus. *Voyez le tableau ci-annexé.*

CONSTRUCTION ET USAGE DE LA TABLE.

Les longitudes des étoiles pour 1800 ont été prises
dans les tables de Berlin. Elles sont de Lacaille, ou de
Bradley, ou de Flamsteed.

On a pris la première et la dernière de chaque constellation et quelques-unes des étoiles intermédiaires les
plus brillantes.

La troisième colonne indique l'année où la longitude
de l'étoile était o, c'est-à-dire celle où l'étoile se trouvait dans le colure équinoxial du printemps.

La dernière colonne indique l'année où l'étoile était
dans le colure solsticial, soit de l'hiver, soit de l'été.

Pour le bélier, le taureau et les gémeaux, on a choisi
le solstice d'hiver; pour les autres constellations, on a
choisi le solstice d'été, pour ne pas trop s'enfoncer dans
l'antiquité et ne point trop s'approcher des temps modernes. Au reste il sera bien facile de trouver le solstice

Il s'agirait encore de savoir quand on cessait de placer la constellation dans laquelle le soleil entrait après le solstice, à la tête des signes

---

opposé, en ajoutant la demi-période de douze mille neuf cent soixante ans. La même règle servira pour trouver le temps où l'étoile a été ou sera à l'équinoxe d'automne.

Le signe—indique les années avant notre ère; le signe + l'année de notre ère; enfin la dernière ligne, à la suite de chaque signe sous le nom de *durée,* donne l'étendue de la constellation en degrés, et le temps que l'équinoxe ou le solstice emploie à parcourir la constellation d'un bout à l'autre.

On a supposé la précession de cinquante secondes par an, telle qu'elle est donnée par la comparaison du catalogue d'Hipparque avec les catalogues modernes. On avait ainsi la commodité des nombres ronds et toute l'exactitude dont on peut répondre.

La période entière est ainsi de vingt-cinq mille neuf cent vingt ans; la demi-période, de douze mille neuf cent soixante ans; le quart, de six mille quatre cent quatre-vingts ans; le douzième, ou un signe, de deux mille cent soixante ans.

Il est à remarquer que les constellations laissent entre elles des vides, et que quelquefois elles empiètent les

descendants, et si cela avait lieu aussitôt que le solstice avait assez rétrogradé pour toucher la constellation précédente.

---

unes sur les autres. Ainsi, entre la dernière étoile du scorpion et la première du sagittaire, il y a un intervalle de six degrés deux tiers. Au contraire, la dernière du capricorne est plus avancée de quatorze degrés en longitude que la première du verseau.

Ainsi, même indépendamment de l'inégalité du mouvement du soleil, les constellations donneraient une mesure très-inégale et très-fautive de l'année et de ses mois. Les signes de trente degrés en fournissent une plus commode et moins défectueuse. Mais les signes ne sont qu'une conception géométrique; on ne peut ni les distinguer ni les observer; ils changent continuellement de place par la rétrogradation du point équinoxial.

On a pu de tout temps déterminer grossièrement les équinoxes et les solstices; à la longue on a pu remarquer que le spectacle du ciel pendant la nuit n'était plus exactement le même qu'il avait été anciennement aux temps des équinoxes et des solstices. Mais jamais on n'a pu observer exactement le lever héliaque d'une étoile; on devait toujours s'y tromper de quelques jours. Aussi en parle-t-on souvent sans qu'on en ait une détermination

Ainsi MM. Jollois et Devilliers, à l'ardeur soutenue de qui nous devons l'exacte connaissance de ces fameux monuments, pensant toujours que la division vers l'entrée du vestibule

sur laquelle on puisse compter. Avant Hipparque on ne voit, ni dans les livres ni dans les traditions, rien qu'on puisse soumettre au calcul; et c'est ce qui a tant multiplié les systèmes. On a disputé sans s'entendre. Ceux qui ne sont point astronomes peuvent se faire de la science des Chaldéens, des Égyptiens, etc., etc., des idées aussi belles qu'il leur plaira; il n'en résultera aucun inconvénient réel. On peut prêter à ces peuples l'esprit et les connaissances des modernes; mais on ne peut rien emprunter d'eux, car ou ils n'ont rien eu ou ils n'ont rien laissé. Jamais les astronomes ne tireront des anciens rien qui soit de l'utilité la plus légère. Laissons aux érudits leurs vaines conjectures, et confessons notre ignorance absolue sur des choses peu utiles en elles-mêmes, et dont il ne reste aucun monument.

Les limites des constellations varient suivant les auteurs que l'on consulte. On voit ces limites s'étendre ou se resserrer quand on passe d'Hipparque à Tycho, de Tycho à Hevelius, d'Hevelius à Flamsteed, Lacaille, Bradley ou Piazzi.

est le solstice, et jugeant que la vierge a dû rester la première des constellations descendantes tant que le solstice n'avait pas reculé au moins jusqu'au milieu de la constellation du

---

Je l'ai dit ailleurs, les constellations ne sont bonnes à rien, si ce n'est tout au plus à reconnaître plus facilement les étoiles; au lieu que les étoiles en particulier donnent des points fixes auxquels on peut rapporter les mouvements, soit des colures, soit des planètes. L'astronomie n'a commencé qu'à l'époque où Hipparque a fait le premier catalogue d'étoiles, mesuré la révolution du soleil, celle de la lune et leurs principales inégalités. Le reste n'offre que ténèbres, incertitudes et erreurs grossières. Ce serait temps perdu que celui qu'on voudrait employer à débrouiller ce chaos.

J'ai dit, à quelques ménagements près, tout ce que je pense sur ce sujet. Je n'ai eu la prétention de convertir personne, peu m'importe qu'on adopte mes opinions; mais si l'on compare mes raisons aux rêves de Newton, de Herschell, de Bailly et de tant d'autres, il n'est pas impossible qu'avec le temps on arrive à se dégoûter de ces chimères plus ou moins brillantes.

J'ai essayé de déterminer l'étendue des constellations d'après les catastérismes du faux Ératosthène. La chose

lion ; croyant voir de plus, comme nous l'avons dit, que le lion est divisé dans le grand zodiaque d'Esné, ne font remonter ce zodiaque qu'à deux

est réellement impossible. Ce serait encore pis si l'on consultait Hygin et surtout Firmicus. Voici, au reste, ce que j'ai tiré d'Ératosthène.

CONSTELLATIONS.	DURÉES.	
Bélier.	1747 ans.	
Taureau.	1826	
Gémeaux.	1636	
Cancer.	1204	
Lion.	2617	
Vierge.	3307	
Serres.	. . . . . .	1089 (*).
Scorpion.	1823	
Sagittaire.	2138	
Capricorne.	1416	
Verseau.	1196	
Poissons.	2936	

(*) Ératosthène ne fait qu'une constellation du scorpion et des serres. Il indique le commencement des serres sans en marquer la fin ; et comme il donne mille huit cent vingt-trois ans au scorpion proprement dit, il resterait mille quatre-vingt-neuf ans pour les serres, en supposant qu'il n'y eût aucun espace vide entre les deux constellations.

mille six cent dix ans avant Jésus-Christ (1).

M. Hamilton, qui a le premier fait remarquer cette division du signe du lion dans le zodiaque d'Esné, réduit l'éloignement de la période où s'y trouvait le solstice à mille quatre cents ans avant Jésus-Christ.

Il parut encore un grand nombre d'autres systèmes sur le même sujet. M. Rhode, par exemple, en proposait deux : le premier faisait

---

Quant aux Chaldéens, aux Égyptiens, aux Chinois et aux Indiens, il n'y faut pas songer. On n'en peut absolument rien tirer. Ma profession de foi à cet égard est dans le discours préliminaire de mon Histoire de l'Astronomie du moyen âge, pages xvij et xviij.

Voyez aussi la note ajoutée au Rapport sur les Mémoires de M. de Paravey, tome viii des Nouvelles Annales des Voyages, et reproduite par M. de Paravey dans son aperçu de ses Mémoires sur l'origine de la Sphère, pages 24 et de 31 à 36.

Voyez encore l'Analyse des travaux mathématiques de l'Académie en 1820, pages 78 et 79.

DELAMBRE.

(1) Voyez le grand ouvrage sur l'Égypte, Antiquités, Mémoires, tom. 1, pag. 486.

remonter le zodiaque du portique de Dendera
à cinq cent quatre-vingt-onze ans avant Jésus-
Christ; d'après le second, il s'élèverait à mille
deux cent quatre-vingt-dix (1). M. Latreille
fixait l'époque du zodiaque à six cent soixante-
dix ans avant Jésus-Christ; celle du planisphère
à cinq cent cinquante; celle du zodiaque du
grand temple d'Esné à deux mille cinq cent
cinquante; celle du petit à mille sept cent
soixante.

Mais il y avait une difficulté inhérente à toutes les dates qui partaient de la double supposition que la division marque le solstice, et que
la position du solstice marque l'époque du monument; c'est la conséquence inévitable que le
zodiaque d'Esné aurait dû être au moins de
deux mille et peut-être de trois mille ans (2)
plus ancien que celui de Dendera, conséquence
qui évidemment battait en ruine la supposition;

---

(1) Rhode. Essai sur l'âge du zodiaque et l'origine des
constellations, en allemand. Breslau, 1809, in-4°, p. 78.

(2) D'après les tables de la note ci-dessus, le solstice
est resté trois mille quatre cent soixante-quatorze ou au

car aucun homme, un peu instruit de l'histoire des arts, ne pourra croire que deux édifices aussi ressemblants par l'architecture aient été autant séparés par le temps.

Le sentiment de cette impossibilité, uni toujours à la croyance que cette division des zodiaques indique une date, fit recourir à une autre conjecture, à celle que les constructeurs auraient voulu marquer celle des années sacrées des Égyptiens où le monument a été élevé. Ces années ne durant que trois cent soixante-cinq jours, si le soleil au commencement de l'une occupait le commencement d'une constellation, il s'en fallait de près de six heures qu'il n'y fût revenu au commencement de l'année suivante, et après cent vingt-un ans il devait ne se trouver qu'au commencement du signe précédent. Il semble assez naturel que les constructeurs d'un temple aient voulu indiquer à peu près

moins trois mille trois cent sept ans dans la constellation de la vierge, celle de toutes qui occupe un plus grand espace dans le zodiaque, et deux mille six cent dix-sept dans celle du lion.

dans quelle période de la grande année, de l'année sothiaque, il avait été élevé, et l'indication du signe par lequel commençait alors l'année sacrée en était un assez bon moyen. On comprendrait ainsi qu'il se serait écoulé de cent vingt à cent cinquante ans entre le temple d'Esné et celui de Dendera.

Mais, dans cette manière de voir, il restait à déterminer dans laquelle des grandes années ces constructions auraient eu lieu : ou celle qui a fini en 138 après, ou celle qui a fini en 1322 avant Jésus-Christ, ou quelque autre.

Feu Visconti, premier auteur de cette hypothèse, prenant l'année sacrée dont le commencement répondait au signe du lion, et jugeant, d'après la ressemblance des signes, qu'ils avaient été représentés à une époque où les opinions des Grecs n'étaient pas étrangères à l'Égypte, ne pouvait choisir que la fin de la dernière grande année, ou l'espace écoulé entre l'an 12 et l'an 138 après Jésus-Christ (1), ce qui lui

_____

(1) Traduction d'Hérodote, par Larcher, tom. ii, pag. 570.

sembla s'accorder avec l'inscription grecque qu'il ne connaissait pas bien encore, mais où il avait ouï dire qu'il était question d'un César.

M. Testa, cherchant la date du monument dans un autre ordre d'idées, alla jusqu'à supposer que si la vierge se montre à Esné en tête du zodiaque, c'est que l'on a voulu y représenter l'ère d'Actium, telle qu'elle avait été établie pour l'Égypte par un décret du sénat, cité par Dion-Cassius, et qui commençait au mois de septembre, le jour où avait eu lieu la prise d'Alexandrie par Auguste (1).

M. de Paravey considéra ces zodiaques sous un point de vue nouveau, qui pourrait embrasser à la fois et la révolution des équinoxes et celle de la grande année. Supposant que le planisphère circulaire de Dendera a dû être orienté, et que l'axe du nord au sud est la ligne des solstices, il vit le solstice d'été au deuxième gémeau, celui d'hiver à la croupe du sagit-

_____

(1) Voyez la dissertation de l'abbé Dominique Testa : Sopra due zodiaci novellamente scoperte nell' Egitto. Rome, 1802, pag. 34.

taire; la ligne des équinoxes aurait passé par les poissons et la vierge, ce qui lui donnait pour date le premier siècle de notre ère.

D'après cette manière de voir, la division du zodiaque du portique ne pouvait plus se rapporter aux colures, et il fallait chercher ailleurs la marque du solstice. M. de Paravey ayant remarqué qu'il y a entre tous les signes des figures de femmes qui portent une étoile sur la tête et qui marchent dans le même sens, et observant que celle qui vient après les gémeaux est seule tournée en sens contraire des autres, jugea qu'elle indique la *conversion* du soleil ou le tropique, et que ce zodiaque s'accorde ainsi avec le planisphère.

En appliquant l'idée de l'orientement au petit zodiaque d'Esné, on y trouverait les solstices entre les gémeaux et le taureau, et entre le scorpion et le sagittaire; ils y seraient même marqués par le changement de direction du taureau, et par des béliers ailés placés en travers à ces deux endroits. Dans le grand zodiaque de la même ville, les marques en seraient la position en travers du taureau et le renversement du sagittaire; il n'y aurait plus alors qu'une portion de constellation d'écoulée entre les dates d'Esné et celles de Dendera, espace toutefois encore bien long pour des édifices si ressemblants.

Une opération de feu M. Delambre sur le planisphère circulaire parut confirmer ces conjectures favorables à sa nouveauté; car en plaçant les étoiles sur la projection d'Hipparque, d'après la théorie de cet astronome et d'après les positions qu'il leur avait données dans son catalogue, augmentant toutes les longitudes pour que le solstice passât par le second des gémeaux, il reproduisit presque ce planisphère; et « cette
« ressemblance, dit-il, aurait été encore plus
« grande s'il eût adopté les longitudes telles
« qu'elles sont dans le catalogue de Ptolomée,
« pour l'an 123 de notre ère. Au contraire, en
« remontant de vingt-cinq ou vingt-six siècles,
« les ascensions droites et les déclinaisons seront
« changées considérablement, et la projection
« aura pris une figure toute différente (1).

(1) Delambre. Note à la suite du rapport sur J. Mé-

« Tous nos calculs, ajoutait ce grand astro-
« nome, nous ramènent à cette conclusion,
« que les sculptures sont postérieures à l'épo-
« que d'Alexandre. »

A la vérité, le planisphère circulaire ayant
été apporté à Paris par les soins de MM. Sau-
nier et Lelorrain, M. Biot, dans un ouvrage (1)
fondé sur des mesures précises et des calculs
pleins de sagacité, a établi qu'il représente,
d'après une projection géométrique exacte,
l'état du ciel tel qu'il avait lieu sept cents ans
avant Jésus-Christ; mais il s'est bien gardé d'en
conclure qu'il ait été sculpté dans ce temps-là.

En effet, tous ces efforts d'esprit et de science,
en tant qu'ils concernent l'époque des monuments, sont devenus superflus depuis que finis-
sant par où naturellement l'on aurait com-

---

moire de M. de Paravey. Ce rapport est imprimé dans les
nouvelles Annales des Voyages, tom. VIII.

(1) Voyez l'ouvrage de M. Biot, intitulé Recherches
sur plusieurs points de l'astronomie égyptienne appli-
quées aux monuments astronomiques trouvés en Égypte.
Paris, 1823, in-8°.

mencé, si la prévention n'avait pas aveuglé les premiers observateurs, on s'est donné la peine de copier et de restituer les inscriptions grecques gravées sur ces monuments, et surtout depuis que M. Champollion est parvenu à déchiffrer celles qui sont exprimées en hiéroglyphes.

Il est certain maintenant, et les inscriptions grecques s'accordent pour le prouver avec les inscriptions hiéroglyphiques, il est certain, disons-nous, que les temples dans lesquels on a sculpté des zodiaques ont été construits sous la domination des Romains. Le portique du temple de Dendera, d'après l'inscription grecque de son frontispice, est consacré au salut de Tibère (1). Sur le planisphère du même temple on lit le titre d'*Autocrator* en caractères hiéroglyphiques (2), et il est probable qu'il se rapporte à Néron. Le petit temple d'Esné, celui

----

(1) Letronne. Recherches pour servir à l'histoire de l'Égypte pendant la domination des Grecs et des Romains, pag. 180.

(2) *Idem*, pag. xxxviij.

dont on plaçait l'origine au plus tard entre deux
mille sept cents ou trois mille ans avant Jésus-
Christ, a une colonne sculptée et peinte la
dixième année d'Antonin, cent quarante-sept
ans après Jésus-Christ, et elle est peinte et sculptée dans le même style que le zodiaque qui est
auprès (1).

Il y a plus; on a la preuve que cette division
du zodiaque dans tel ou tel signe n'a aucun
rapport à la précession des équinoxes, ni au
déplacement du solstice. Un cercueil de momie,
rapporté nouvellement de Thèbes par M. Caillaud, et contenant, d'après l'inscription grecque
très-lisible, le corps d'un jeune homme mort la
dix-neuvième année de Trajan, cent seize ans
après Jésus-Christ (2), offre un zodiaque divisé

----

(1) Letronne. Recherches pour servir à l'histoire de
l'Égypte pendant la domination des Grecs et des Romains, pages 456 et 457.

(2) Letronne. Observations critiques et archéologiques
sur l'objet des représentations zodiacales qui nous restent de l'antiquité, à l'occasion d'un zodiaque égyptien
peint dans une caisse de momie qui porte une inscrip-

au même point que ceux de Dendera (1); et toutes les apparences sont que cette division marque quelque thême astrologique relatif à cet individu, conclusion qui doit probablement s'appliquer aussi à la division des zodiaques des temples; elle marque ou le thême astrologique du moment de leur érection, ou celui du prince pour le salut duquel ils avaient été votés, ou tel autre instant semblable relativement auquel la position du soleil aura paru importante à noter.

Ainsi se sont évanouies pour toujours les conclusions que l'on avait voulu tirer de quelques monuments mal expliqués, contre la nouveauté des continents et des nations, et nous aurions pu nous dispenser d'en traiter avec tant de détail si elles n'étaient pas si récentes et n'avaient pas fait assez d'impression pour conserver encore leur influence sur les opinions de quelques personnes.

---

tion grecque du temps de Trajan. Paris, 1824, in-8°, pag. 3o.

(1) *Idem*, pages 48 et 49.

Le zodiaque est loin de porter en lui-même une date certaine et excessivement reculée.

Mais il y a des écrivains qui ont prétendu que le zodiaque porte en lui-même la date de son invention, par la raison que les noms et les figures donnés à ses constellations sont un indice de la position des colures quand on l'inventa; et cette date, selon plusieurs, est tellement évidente et tellement reculée, qu'il est assez indifférent que les représentations que l'on possède de ce cercle soient plus ou moins anciennes.

Ils ne font pas attention que ce genre d'arguments se complique de trois suppositions également incertaines : le pays où l'on admet que le zodiaque a été inventé, le sens que l'on croit avoir été donné aux constellations qui l'occupent, et la position dans laquelle étaient les colures par rapport à chaque constellation, quand ce sens lui a été attribué. Selon qu'on a imaginé d'autres allégories, ou que l'on admet que ces allégories se rapportaient à la constellation dont le soleil occupait les premiers degrés, ou à celle dont il occupait le milieu, ou à celle où il commençait d'entrer, c'est-à-dire dont il occupait les derniers degrés, ou bien enfin à celle qui lui était opposée et qui se levait le soir; ou selon que l'on place l'invention de ces allégories dans un autre climat, il faut aussi changer la date du zodiaque. Les variations possibles à cet égard peuvent embrasser jusqu'à la moitié de la révolution des fixes, c'est-à-dire treize mille ans et même davantage.

Ainsi Pluche, généralisant quelques indications des anciens, a pensé que le bélier annonce le soleil commençant à monter, et l'équinoxe du printemps; que le cancer annonce sa rétrogradation au solstice d'été; que la balance, signe d'égalité, marque l'équinoxe d'automne(1); et que le capricorne, animal grimpeur, indique le solstice d'hiver après lequel le soleil nous revient. De cette manière, en plaçant les inventeurs du zodiaque dans un climat tempéré, on aurait des pluies sous le verseau, des naissances d'agneaux et de chevreaux sous les gé-

---

(1) Varro, de Ling. lat., lib. 6, Signa, quod aliquid significent, ut libra æquinoctium; Macrob., Sat., lib. 1, cap. xxi, Capricornus ab infernis partibus ad superas solem reducens capræ naturam videtur imitari.

meaux, des chaleurs violentes sous le lion, les
récoltes sous la vierge, la chasse sous le sagittaire, etc., et les emblêmes seraient assez convenables. En plaçant alors les colures au commencement des constellations, ou du moins
l'équinoxe aux premières étoiles du bélier, on
n'arriverait en première instance qu'à trois cent
quatre-vingt-neuf ans avant Jésus-Christ,
époque évidemment trop moderne, et qui obli-
gerait de remonter encore d'une période équi-
noxiale tout entière ou de vingt-six mille ans.
Mais si l'on suppose que l'équinoxe passait par
le milieu de la constellation, on arrivera à
mille ou mille deux cents ans plus haut à peu
près, à seize ou dix-sept cents ans avant Jésus-
Christ; et c'est là l'époque que plusieurs hommes célèbres ont crue véritablement être celle
de l'invention du zodiaque, dont, sur d'autres
motifs assez légers, ils ont fait honneur à Chiron.

Mais Dupuis, qui avait besoin, pour l'origine
qu'il prétendait attribuer à tous les cultes, que
l'astronomie et nommément les figures du
zodiaque eussent en quelque sorte précédé
toutes les autres institutions humaines, a cher-

ché un autre climat pour trouver d'autres explications aux emblêmes et pour en déduire
une autre époque. Si, prenant toujours la
balance pour un signe équinoxial, mais la supposant à l'équinoxe du printemps, on veut que
le zodiaque ait été inventé en Égypte, on trouvera en effet encore des explications assez
plausibles pour le climat de ce pays (1). Le
capricorne, animal à queue de poisson, mar-
quera le commencement de l'élévation du Nil
au solstice d'été; le verseau et les poissons, les
progrès et la diminution de l'inondation; le
taureau, le labourage; la vierge, la récolte; et
ils les marqueront aux époques où en effet ces
opérations ont lieu. Dans cette hypothèse le
zodiaque aura quinze mille ans (2) pour un
soleil supposé au premier degré de chaque
signe, plus de seize mille pour le milieu, et
quatre mille seulement, en supposant que l'em-

(1) Voyez le Mémoire sur l'origine des constellations
dans l'Origine des Cultes de Dupuis, tom. III, pages 324
et suivantes.

(2) *Idem*, tom. III, pag. 267.

blême a été donné au signe à l'opposite duquel
était le soleil (1). C'est à quinze mille ans que
s'est attaché Dupuis, et c'est sur cette date qu'il
a fondé tout le système de son fameux ouvrage.

Il ne manque cependant pas de gens qui, tout
en admettant que le zodiaque a été inventé en
Égypte, ont imaginé des allégories applicables
à des temps postérieurs. Ainsi, selon M. Hamilton, la vierge représenterait la terre d'Égypte
lorsqu'elle n'est pas encore fécondée par l'inondation; le lion, la saison où cette terre est le
plus livrée aux bêtes féroces, etc. (2).

Cette haute antiquité de quinze mille ans en-
traînerait d'ailleurs cette conséquence absurde
que les Égyptiens, ces hommes qui représen-
taient tout par des emblêmes, et qui devaient
attacher un grand prix à ce que ces emblêmes
fussent conformes aux idées qu'ils devaient
peindre, auraient conservé les signes du zodiaque des milliers d'années après qu'ils ne répon-

(1) Dupuis suggère lui-même cette seconde hypothèse, *ibid.*, pag. 340.

(2) Ægyptiaca, pag. 215.

daient plus en aucune manière à leur sens primitif.

Feu Remi Raige chercha à soutenir l'opinion
de Dupuis par un argument tout nouveau (1).
Ayant remarqué que l'on peut trouver aux
noms égyptiens des mois, en les expliquant par
les langues orientales, des sens plus ou moins
analogues aux figures des signes du zodiaque;
trouvant dans Ptolomée qu'*epifi*, qui signifie
capricorne, commence au 20 de juin, et vient
par conséquent immédiatement après le solstice
d'été, il en conclut qu'à l'origine le capricorne
lui-même était au solstice d'été, et ainsi des
autres signes comme l'avait prétendu Dupuis.

Mais indépendamment de tout ce qu'il y a
de hasardé dans ces étymologies, Raige ne
s'aperçut point que c'est par un pur hasard que
cinq ans après la bataille d'Actium, en l'année

---

(1) Voyez, dans le grand ouvrage sur l'Égypte, Antiquités, Mémoires, tom. 1, le Mémoire de M. Remi Raige
sur le zodiaque nominal et primitif des anciens Égyptiens.
Voyez aussi la table des mois grecs, romains et alexan-
drins dans le Ptolomée de M. Halma, tom. III.

25 avant Jésus-Christ, à l'établissement de l'année fixe d'Alexandrie, le premier jour de thoth se trouva correspondre au 29 d'août Julien, et y correspondit depuis lors. C'est seulement de cette époque que les mois égyptiens commencèrent à des jours fixes de l'année julienne, mais à Alexandrie seulement; et même Ptolomée n'en continua pas moins d'employer dans son almageste l'ancienne année égyptienne avec ses mois vagues (1).

Pourquoi n'aurait-on pas à une époque quelconque donné aux mois les noms des signes ou aux signes les noms des mois, tout aussi arbitrairement que les Indiens ont donné à leurs mois douze noms choisis parmi ceux de leurs vingt-sept maisons lunaires, d'après des motifs

(1) Voyez les Recherches historiques sur les observations astronomiques des anciens, par M. Ideler, dont M. Halma a inséré la traduction dans le troisième tome de son Ptolomée; et surtout le Mémoire de Fréret sur l'opinion de Lanauze, relative à l'établissement de l'année d'Alexandrie, dans les Mémoires de l'Académie des belles-lettres, tome XVI, pag. 308.

qu'il est impossible de deviner aujourd'hui (1)?

L'absurdité qu'il y aurait eue à conserver pendant quinze mille ans aux constellations des figures et des noms symboliques qui n'auraient plus offert aucun rapport avec leur position, aurait été bien plus sensible si elle fût allée jusqu'à conserver aux mois ces mêmes noms qui étaient sans cesse dans la bouche du peuple, et dont l'inconvenance se serait fait apercevoir à chaque instant.

Et que deviendraient en outre tous ces systèmes, si les figures et les noms des constellations zodiacales leur avaient été donnés sans aucun rapport avec la course du soleil? comme leur inégalité, l'extension de plusieurs d'entre elles en dehors du zodiaque, leurs connexions manifestes avec les constellations voisines semblent le démontrer (2).

---

(1) Voyez le Mémoire de sir Will. Jones sur l'antiquité du zodiaque indien, Mém. de Calcutta, tom. II.

(2) Voyez le Zodiaque expliqué, ou Recherches sur l'origine et la signification des constellations de la sphère grecque, traduit du suédois de M. Swartz. Paris, 1809.

Qu'arriverait-il encore si, comme le dit expressément Macrobe (1), chaque signe avait dû être un emblème du soleil, considéré dans quelqu'un de ses effets ou de ses phénomènes généraux, et sans égard aux mois où il passe, soit dans le signe, soit à son opposite?

Enfin que serait-ce si les noms avaient été donnés d'une manière abstraite aux divisions de l'espace ou du temps, comme les astronomes les donnent maintenant à ce qu'ils appellent les signes, et n'avaient été appliqués aux constellations ou groupes d'étoiles qu'à une époque déterminée par le hasard, en sorte que l'on ne pourrait plus rien conclure de leur signification (2)?

---

(1) Saturnal., lib. 1, cap. 21, sub fin. *Nec solus leo, sed signa quoque universa zodiaci ad naturam solis jure referuntur,* etc. Ce n'est que dans l'explication du lion et du capricorne qu'il a recours à quelque phénomène relatif aux saisons: le cancer même est expliqué sous un point de vue général, et relatif à l'obliquité de la marche du soleil.

(2) Voyez le Mémoire de M. de Guignes sur les zodiaques des Orientaux. (Académie des belles-lettres, tom. XLVII.)

En voilà sans doute autant qu'il en faut pour dégoûter un esprit bien fait de chercher dans l'astronomie des preuves de l'antiquité des peuples; mais quand ces prétendues preuves seraient aussi certaines qu'elles sont vagues et dénuées de résultat, qu'en pourrait-on conclure contre la grande catastrophe dont il nous reste des documents bien autrement démonstratifs? il faudrait seulement admettre, avec quelques modernes, que l'astronomie était au nombre des connaissances conservées par les hommes que cette catastrophe épargna.

L'on a aussi beaucoup exagéré l'antiquité de certains travaux de mines. Un auteur tout récent a prétendu que les mines de l'île d'Elbe, à en juger par leurs déblais, ont dû être exploitées depuis plus de quarante mille ans; mais un autre auteur, qui a aussi examiné ces déblais avec soin, réduit cet intervalle à un peu plus de cinq mille (1), et encore en supposant

Exagérations relatives à certains travaux de mines.

(1) Voyez M. de Fortia d'Urban, Histoire de la Chine avant le déluge d'Ogygès, pag. 33.

que les anciens n'exploitaient chaque année
que le quart de ce que l'on exploite maintenant.
Mais quel motif a-t-on de croire que les Romains, par exemple, tirassent si peu de parti
de ces mines, eux qui consommaient tant de
fer dans leurs armées? De plus, si ces mines
avaient été en exploitation il y a seulement
quatre mille ans, comment le fer aurait-il été
si peu connu dans la haute antiquité?

Conclusion
énérale rela-
ve à l'époque
e la dernière
évolution.

Je pense donc, avec MM. Deluc et Dolomieu,
que, s'il y a quelque chose de constaté en géologie, c'est que la surface de notre globe a été
victime d'une grande et subite révolution, dont
la date ne peut remonter beaucoup au delà de
cinq ou six mille ans; que cette révolution a
enfoncé et fait disparaître les pays qu'habitaient
auparavant les hommes et les espèces des animaux aujourd'hui les plus connus; qu'elle a,
au contraire, mis à sec le fond de la dernière
mer, et en a formé les pays aujourd'hui habités; que c'est depuis cette révolution que le
petit nombre des individus épargnés par elle se
sont répandus et propagés sur les terrains nou-

vellement mis à sec, et par conséquent que c'est depuis cette époque seulement que nos sociétés ont repris une marche progressive, qu'elles ont formé des établissements, élevé des monuments, recueilli des faits naturels, et combiné des systèmes scientifiques.

Mais ces pays aujourd'hui habités, et que la dernière révolution a mis à sec, avaient déjà été habités auparavant, sinon par des hommes, du moins par des animaux terrestres; par conséquent une révolution précédente, au moins, les avait mis sous les eaux; et, si l'on peut en juger par les différents ordres d'animaux dont on y trouve des dépouilles, ils avaient peut-être subi jusqu'à deux ou trois irruptions de la mer.

Ce sont ces alternatives qui me paraissent maintenant le problème géologique le plus important à résoudre, ou plutôt à bien définir, à bien circonscrire, car, pour le résoudre en entier, il faudrait découvrir la cause de ces événements, entreprise d'une tout autre difficulté.

Idées des recherches à faire ultérieurement en géologie.

Je le répète, nous voyons assez clairement

ce qui se passe à la surface des continents dans
leur état actuel ; nous avons assez bien saisi la
marche uniforme et la succession régulière des
terrains primitifs, mais l'étude des terrains secondaires est à peine ébauchée ; cette série
merveilleuse de zoophytes et de mollusques
marins inconnus, suivis de reptiles et de poissons d'eau douce également inconnus, rem-
placés à leur tour par d'autres zoophytes et
mollusques plus voisins de ceux d'aujourd'hui ;
ces animaux terrestres, et ces mollusques, et
autres animaux d'eau douce toujours inconnus
qui viennent ensuite occuper les lieux, pour
en être encore chassés, mais par des mollusques
et d'autres animaux semblables à ceux de nos
mers ; les rapports de ces êtres variés avec les
plantes dont les débris accompagnent les leurs,
les relations de ces deux règnes avec les couches
minérales qui les recèlent, le plus ou moins
d'uniformité des uns et des autres dans les différents bassins : voilà un ordre de phénomènes
qui me paraît appeler maintenant impérieu-
sement l'attention des philosophes.

Intéressante par la variété des produits des

révolutions partielles ou générales de cette
époque, et par l'abondance des espèces diverses
qui figurent alternativement sur la scène, cette
étude n'a point l'aridité de celle des terrains
primordiaux, et ne jette point, comme elle,
presque nécessairement dans les hypothèses.
Les faits sont si pressés, si curieux, si évidents,
qu'ils suffisent, pour ainsi dire, à l'imagination
la plus ardente; et les conclusions qu'ils amènent de temps en temps, quelque réserve qu'y
mette l'observateur, n'ayant rien de vague,
n'ont aussi rien d'arbitraire; enfin, c'est dans
ces événements plus rapprochés de nous que
nous pouvons espérer de trouver quelques traces des événements plus anciens et de leurs
causes, si toutefois il est encore permis, après
de si nombreuses tentatives, de se flatter d'un
tel espoir.

Ces idées m'ont poursuivi, je dirais presque
tourmenté, pendant que j'ai fait les recherches
sur les os fossiles, dont j'ai donné depuis peu
au public la collection, recherches qui n'embrassent qu'une si petite partie de ces phénomènes de l'avant-dernier âge de la terre, et

qui cependant se lient à tous les autres d'une
manière intime. Il était presque impossible
qu'il n'en naquît pas le désir d'étudier la généralité de ces phénomènes, au moins dans un
espace limité autour de nous. Mon excellent
ami, M. Brongniart, à qui d'autres études
donnaient le même désir, a bien voulu m'as-
socier à lui, et c'est ainsi que nous avons jeté
les premières bases de notre travail sur les environs de Paris; mais cet ouvrage, bien qu'il
porte encore mon nom, est devenu presque en
entier celui de mon ami, par les soins infinis
qu'il a donnés, depuis la conception de notre
premier plan et depuis nos voyages, à l'examen
approfondi des objets et à la rédaction du tout.
Je l'ai placé, avec le consentement de M. Brongniart, dans la deuxième partie de mes *Recherches*, dans celle où je traite des ossements de nos environs. Quoique relatif en
apparence à un pays assez borné, il donne de
nombreux résultats applicables à toute la géologie, et sous ce rapport il peut être considéré comme une partie intégrante du présent
discours, en même temps qu'il est à coup

sur l'un des plus beaux ornements de mon livre (1).

On y voit l'histoire des changements les plus récents arrivés dans un bassin particulier, et il nous conduit jusqu'à la craie, dont l'étendue sur le globe est infiniment plus considérable que celle des matériaux du bassin de Paris. La craie, que l'on croyait si moderne, se trouve ainsi bien reculée dans les siècles de l'avant-dernier âge; elle forme une sorte de limite entre les terrains les plus récents, ceux auxquels ont peut réserver le nom de *tertiaires*, et les terrains que l'on nomme *secondaires*, qui se sont déposés avant la craie, mais après les terrains primitifs et ceux de transition.

Les observations récentes de plusieurs géologistes qui ont donné suite à nos vues, tels que MM. Buckland, Webster, Constant-Prevost, et celles de M. Brongniart lui-même, ont prouvé

(1) On en a tiré des exemplaires à part, sous le titre de *Description géologique des environs de Paris*, par MM. G. Cuvier et Al. Brongniart. Deuxième édition. Paris, 1822. In-4°.

que ces terrains, postérieurs à la craie, se sont reproduits dans bien d'autres bassins que celui de Paris, quoiqu'avec quelques variations; en sorte qu'il a été possible d'y constater un ordre de succession dont plusieurs étages s'étendent presque à toutes les contrées que l'on a observées.

Les couches les plus superficielles, ces bancs de limon et de sables argileux mêlés de cailloux roulés provenus de pays éloignés, et remplis d'ossements d'animaux terrestres, en grande partie inconnus ou au moins étrangers, semblent avoir recouvert toutes les plaines, rempli le fond de toutes les cavernes, obstrué toutes les fentes de rochers qui se sont trouvés à leur portée. Décrites avec un soin particulier par M. Buckland, sous le nom de *diluvium*, et bien différentes de ces autres couches également meubles, sans cesse déposées par les torrents et par les fleuves, qui ne contiennent que des ossements d'animaux du pays, et que M. Buckland désigne par le nom d'*alluvium*, elles forment aujourd'hui, aux yeux de tous les géologistes, la preuve la plus sensible de l'inondation immense qui a été la dernière des catastrophes du globe (1).

Entre ce diluvium et la craie sont les terrains alternativement remplis des produits de l'eau douce et de l'eau salée, qui marquent les irruptions et les retraites de la mer, auxquelles, depuis la déposition de la craie, cette partie du globe a été sujette; d'abord des marnes et des pierres meulières ou silex caverneux remplis de coquilles d'eau douce semblables à celles de nos marais et de nos étangs; sous elles des marnes, des grès, des calcaires, dont toutes les coquilles sont marines, des huîtres, etc.

Plus profondément des terrains d'eau douce d'une époque plus ancienne, et nommément ces fameuses plâtrières des environs de Paris qui ont donné tant de facilité à orner les édifices de cette grande ville, et où nous avons décou-

---

(1) Voyez le grand ouvrage de M. le professeur Buckland, intitulé *Reliquiæ diluvianæ*. Londres, 1823, in-4°, pages 185 et suivantes; et l'article EAU par M. Brongniart, dans le quatorzième volume du Dictionnaire des sciences naturelles.

vert des genres entiers d'animaux terrestres
dont on n'avait aperçu aucune trace ailleurs.

Elles reposent sur ces bancs non moins remarquables de la pierre calcaire dont notre
capitale est construite, dans le tissu plus ou
moins serré desquels la patience et la sagacité
de MM. Defrance, Deshayes, et d'autres ardents
collecteurs, ont déjà recueilli plus de huit cents
espèces de coquilles toutes de mer, mais la
plupart inconnues dans les mers d'aujourd'hui.
Ils ne contiennent aussi, presque généralement,
que des ossements de poissons, de cétacés et
d'autres mammifères marins. Tout au plus voit-
on, dans leurs couches les plus voisines du gypse,
des os semblables à ceux de ce dernier terrain.

Sous ce calcaire marin est encore un terrain
d'eau douce, formé d'argile, dans lequel s'interposent de grandes couches de lignite ou de
ce charbon de terre d'une origine plus récente
que la houille. Parmi des coquilles constamment d'eau douce, il s'y voit aussi des os; mais,
chose remarquable, des os de reptiles et non
pas de mammifères. Des crocodiles, des tortues
le remplissent, et les genres de mammifères

perdus, que recèle le gypse, ne s'y voient pas.
Ils n'existaient pas encore dans la contrée, quand
ces argiles et ces lignites s'y formaient.

Ce terrain d'eau douce, le plus ancien que
l'on ait reconnu avec certitude dans nos environs, et qui porte tous les terrains que nous
venons de dénombrer, est porté et embrassé
lui-même de toute part par la craie, formation
immense par son épaisseur et par son étendue,
qui se montre dans des pays fort éloignés, tels
que la Poméranie, la Pologne; mais qui, dans
nos environs, règne avec une sorte de conti-
nuité en Berri, en Champagne, en Picardie,
dans la haute Normandie et dans une partie de
l'Angleterre, et forme ainsi un grand cercle ou
plutôt un grand bassin dans lequel les terrains
dont nous venons de parler sont contenus, mais
dont ces terrains recouvrent aussi les bords
dans les endroits où ils étaient moins élevés.

En effet, ce n'est pas seulement dans notre
bassin que ces sortes de terrains se déposaient.
Dans les autres contrées où la surface de la craie
leur offrait des cavités semblables, dans ceux
même où il n'y avait point de craie, et où les

terrains plus anciens s'offraient seuls pour appui, les circonstances amenèrent souvent des dépôts plus ou moins semblables aux nôtres, et recélant les mêmes corps organisés.

Nos terrains à coquilles d'eau douce des deux étages ont été vus en Angleterre, en Espagne, et jusqu'aux confins de la Pologne.

Les coquilles marines placées entre eux, se sont retrouvées tout le long des Apennins.

Quelques-uns des quadrupèdes de nos plâtrières, nos palœotherium, par exemple, ont aussi laissé de leurs os dans des terrains gypseux du Velai, et dans les carrières de pierres dites molasses du midi de la France.

Ainsi les révolutions partielles qui avaient lieu dans nos environs, entre l'époque de la craie et celle de la grande inondation, et pendant lesquelles la mer se jetait sur nos cantons ou s'en retirait, avaient lieu aussi dans une multitude d'autres contrées. C'était pour le globe une suite de tourmentes et de variations, probablement assez rapides, puisque les dépôts qu'elles ont laissés ne montrent nulle part beaucoup d'épaisseur ou beaucoup de solidité.

La craie a été le produit d'une mer plus tranquille et moins coupée ; elle ne contient que des produits marins parmi lesquels il en est cependant quelques-uns d'animaux vertébrés bien remarquables, mais tous de la classe des reptiles et des poissons ; de grandes tortues, d'immenses lézards et autres êtres semblables.

Les terrains antérieurs à la craie, et dans les creux desquels elle est elle-même déposée, comme les terrains de nos environs le sont dans les siens, forment une grande partie de l'Allemagne et de l'Angleterre ; et les efforts qu'ont fait récemment les savants de ces deux pays, d'accord avec les nôtres, et inspirés par les mêmes données, s'unissant à ceux qu'avait précédemment tentés l'école de Werner, ne laisseront bientôt rien à désirer pour leur connaissance. MM. de Humboldt et de Bonnard pour la France et l'Allemagne, MM. Buckland, Conybeare, Labèche pour l'Angleterre, en ont donné les tableaux les plus complets et les plus instructifs (1).

_____

(1) Voici celui que M. de Humboldt a bien voulu tra-

Sous la craie sont des sables verts dont ses couches inférieures conservent quelques restes. Plus profondément sont des sables ferrugineux; en bien des pays les uns et les autres s'agglutinent en bancs de grès, dans lesquels se voient aussi des lignites, du succin et des débris de reptiles.

Au-dessous vient la grande masse de couches qui composent la chaîne de Jura et celle des montagnes qui le continuent en Souabe et en Franconie, les crêtes principales des Apennins et des multitudes de bancs de la France et de l'Angleterre. Ce sont des schistes calcaires riches en poissons et en crustacés, des bancs immenses d'oolithes ou d'une pierre calcaire grenue, des calcaires marneux et pyriteux gris caractérisés par des ammonites, par des huîtres

---

cer pour en orner mon ouvrage, non-seulement des terrains secondaires, mais de toute la suite des couches, depuis les plus anciennes que l'on connaisse jusqu'aux plus modernes et aux plus superficielles. C'est en quelque sorte le dernier résumé des efforts de tous les géologistes. *Voyez le tableau ci-joint.*

TABLEAU

DES FORMATIONS GÉOLOGIQUES DANS L'ORDRE DE LEUR SUPERPOSITION;

Par M. Al. de HUMBOLDT.

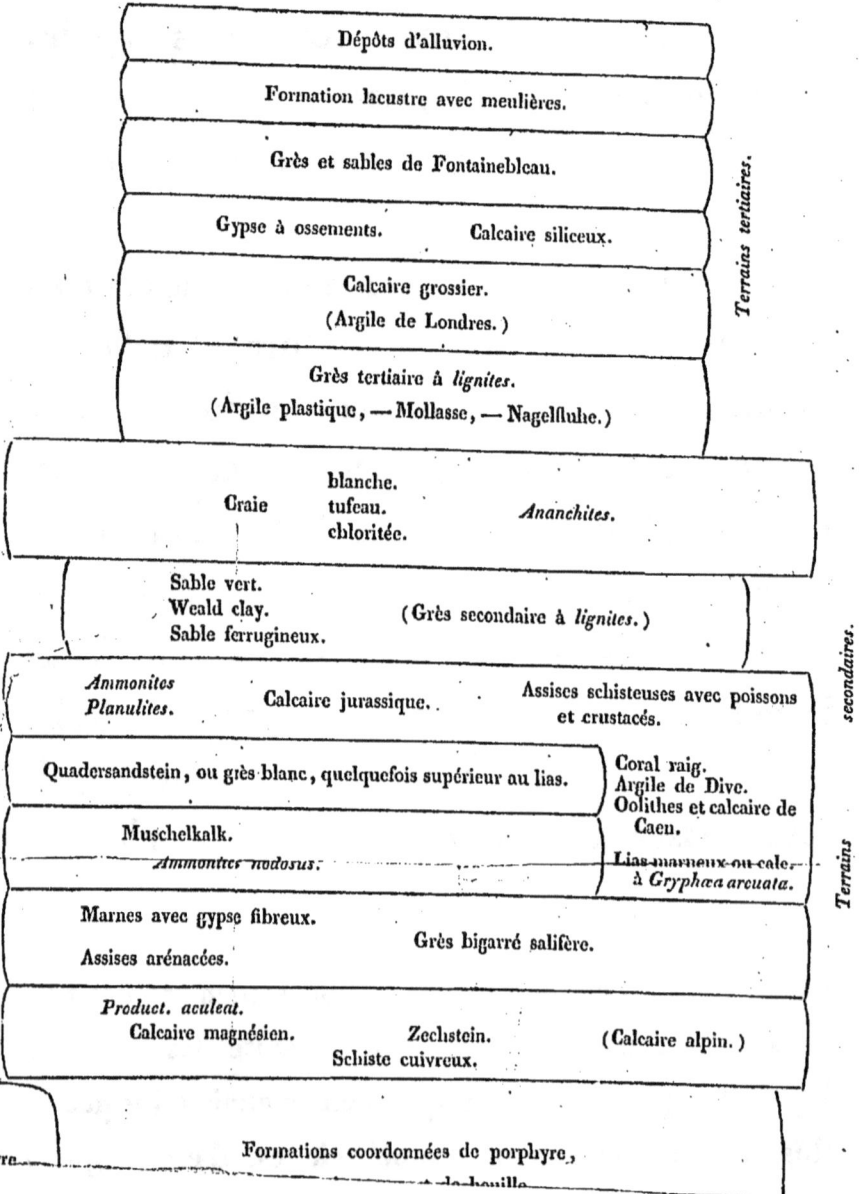

Dépôts d'alluvion.

Formation lacustre avec meulières.

Grès et sables de Fontainebleau.

Gypse à ossements.　　　　Calcaire siliceux.

Calcaire grossier.
(Argile de Londres.)

Grès tertiaire à *lignites.*
(Argile plastique, — Mollasse, — Nagelfluhe.)

Terrains tertiaires.

Craie　　blanche.
　　　　tufeau.　　　　*Ananchites.*
　　　　chloritée.

Sable vert.
Weald clay.　　　　(Grès secondaire à *lignites.*)
Sable ferrugineux.

Ammonites
Planulites.　Calcaire jurassique.　Assises schisteuses avec poissons
　　　　　　　　　　　　　　　　et crustacés.

Quadersandstein, ou grès blanc, quelquefois supérieur au lias.　Coral raig.
　　　　　　　　　　　　　　　　　　　　　　Argile de Dive.
　　　　　　　　　　　　　　　　　　　　　　Oolithes et calcaire de
　　　　　　　　　　　　　　　　　　　　　　Caen.
Muschelkalk.
Ammonites nodosus.　　　　　　　　Lias marneux ou calc.
　　　　　　　　　　　　　　　　à *Gryphæa arcuata.*

Marnes avec gypse fibreux.
　　　　　　　　　　　　Grès bigarré salifère.
Assises arénacées.

Product. aculeat.
　Calcaire magnésien.　　　Zechstein.　　(Calcaire alpin.)
　　　　　　　　Schiste cuivreux.

Terrains secondaires.

Porphyre　　Formations coordonnées de porphyre,
　　　　　　　　　　　　et de houille.

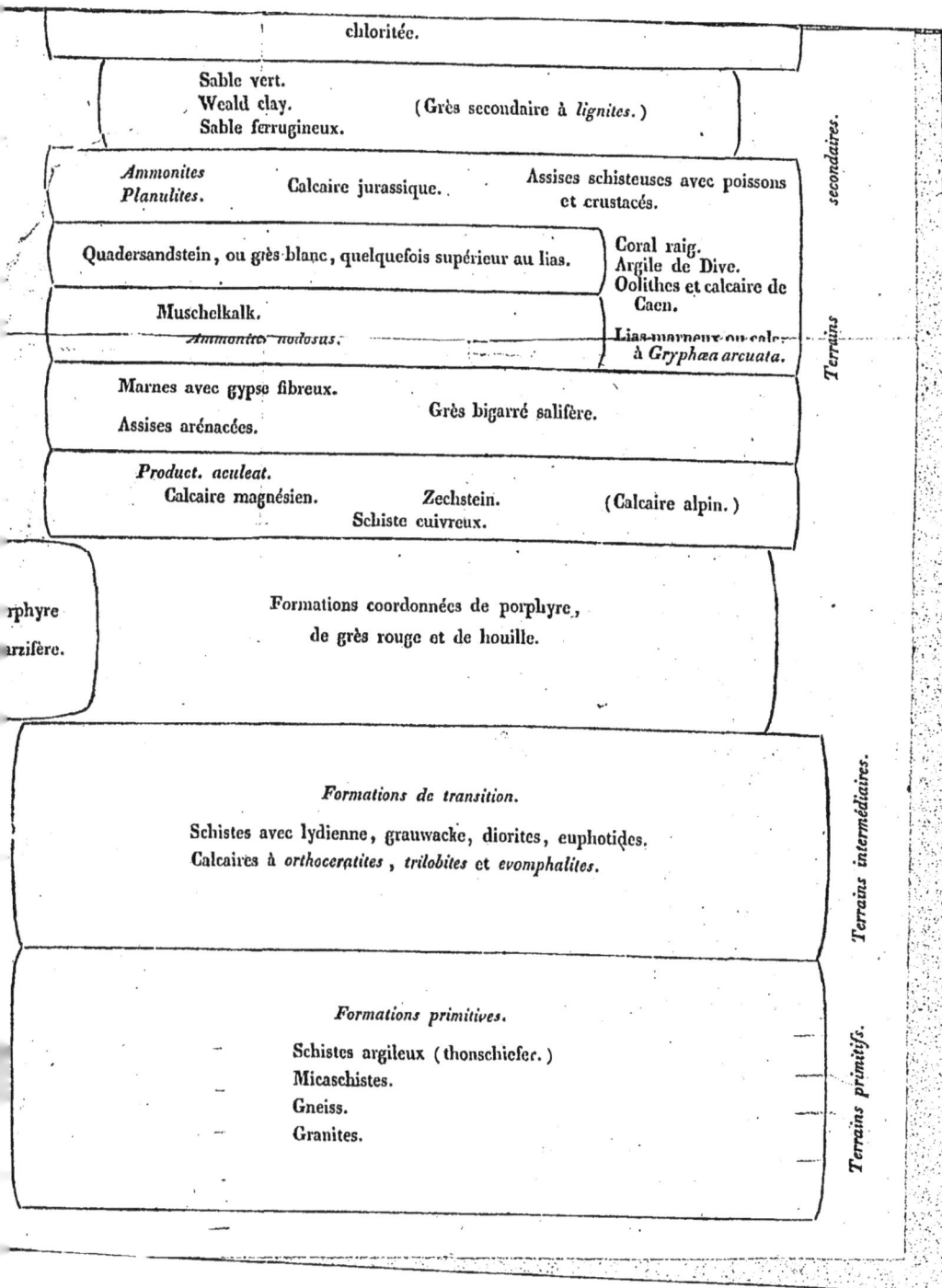

chloritée.

Sable vert.
Weald clay.   (Grès secondaire à *lignites.*)
Sable ferrugineux.

Ammonites
Planulites.   Calcaire jurassique.   Assises schisteuses avec poissons
                                                 et crustacés.

Quadersandstein, ou grès blanc, quelquefois supérieur au lias.   Coral raig.
                                                                  Argile de Dive.
                                                                  Oolithes et calcaire de
   Muschelkalk.   Caen.
   Ammonites nodosus.   Lias marneux ou calc.
                                                                  à *Gryphæa arcuata.*

Marnes avec gypse fibreux.
                              Grès bigarré salifère.
Assises arénacées.

Product. aculeat.
   Calcaire magnésien.   Zechstein.   (Calcaire alpin.)
                         Schiste cuivreux.

orphyre
arzifère.

            Formations coordonnées de porphyre,
              de grès rouge et de houille.

            Formations de transition.

Schistes avec lydienne, grauwacke, diorites, euphotides.
Calcaires à *orthoceratites* , *trilobites* et *evomphalites.*

            Formations primitives.

   Schistes argileux (thonschiefer.)
   Micaschistes.
   Gneiss.
   Granites.

secondaires.

Terrains

Terrains intermédiaires.

Terrains primitifs.

à valves recourbées, dites gryphées, et par des
reptiles, mais de plus en plus singuliers dans
leurs formes et leurs caractères.

De grandes couches de sables et de grès, of-
frant souvent des empreintes végétales, sup-
portent tous ces bancs du Jura, et reposent
elles-mêmes sur un calcaire à qui les innombrables coquilles et zoophytes dont il est rempli
ont fait donner par Werner le nom, beaucoup
trop général, de *calcaire coquillier*, et que d'autres couches de grès, de la sorte qu'on nomme
grès bigarré, séparent d'un calcaire encore plus
ancien que l'on a appelé non moins impropre-
ment *calcaire alpin*, parce qu'il compose les
Hautes Alpes du Tyrol; mais qui, dans le fait,
se montre au jour dans nos provinces de l'est
et dans tout le midi de l'Allemagne.

C'est dans ce calcaire dit coquillier que sont
déposés de grands amas de gypse et de riches
couches de sel, et c'est au-dessous de lui que
se voient les couches minces de schistes cuivreux si riches en poissons, parmi lesquels il y
a aussi des reptiles d'eau douce. Le schiste
cuivreux est porté sur un grès rouge à l'âge

duquel.appartiennent ces fameux amas de charbons de terre ou de houille, ressource de l'âge présent, et reste des premières richesses végétales qui aient orné la face du globe. Les troncs de fougères dont ils ont conservé les empreintes nous disent assez combien ces antiques forêts différaient des nôtres (1).

On tombe alors promptement dans ces terrains de transition où la première nature, la nature morte et purement minérale, semblait disputer encore l'empire à la nature organisante ; des calcaires noirs, des schistes qui n'offrent que des crustacés et des coquilles de genres aujourd'hui éteints, alternent avec des restes de terrains primitifs, et nous annoncent que nous arrivons à ces formations les plus anciennes qu'il nous ait été donné de connaître, à ces antiques fondements de l'enveloppe ac-

---

(1) Pour compléter ce tableau, par l'histoire des successions végétales qui ont accompagné sur le globe aux différentes époques les successions animales, on doit consulter l'ouvrage de M. Adolphe Brongniart sur les végétaux fossiles.

tuelle du globe, aux marbres et aux schistes
primitifs, aux gneiss et enfin aux granits.

Telle est l'énumération précise des masses
successives dont la nature a enveloppé ce globe;
la géologie l'a obtenue en combinant les lumières de la minéralogie avec celles que lui
fournissaient les sciences de l'organisation; cet
ordre si nouveau et si intéressant de faits ne
lui est acquis que depuis qu'elle a préféré des
richesses positives données par l'observation à
des systèmes fantastiques, à des conjectures
contradictoires sur la première origine des
globes et sur tous ces phénomènes qui, ne
ressemblant en rien à ceux de notre physique
actuelle, ne pouvaient y trouver, pour leur
explication, ni matériaux, ni pierre de touche.
Il y a quelques années, la plupart des géologistes pouvaient être comparés à des historiens
qui ne se seraient intéressés dans l'histoire de
France qu'à ce qui s'est passé dans les Gaules
avant Jules-César; mais encore les historiens
s'aident-ils, en composant leurs romans, de la
connaissance des faits postérieurs; et les géologistes dont je parle négligeaient précisément

les faits postérieurs, qui seuls pouvaient ré-
fléchir quelque lueur sur la nuit des temps
précédents.

Il ne me reste, pour terminer ce discours,
qu'à présenter le résultat de mes propres recherches, ou, en d'autres termes, le résumé de
mon grand ouvrage; je vais énumérer les animaux que j'ai découverts dans l'ordre inverse
de celui que je viens de suivre pour l'énumération des terrains. En m'enfonçant dans la suite
des couches, je remontais dans la suite des
temps; je vais maintenant prendre les terrains
les plus anciens, faire connaître les animaux
qu'ils recèlent; et, passant d'époque en époque,
indiquer ceux qui s'y montrent successivement
à mesure qu'on se rapproche du temps présent.

Énumération
ce animaux
ossiles recon-
us par l'au-
eur.

Nous avons vu que des zoophytes, des mollusques et certains crustacés commencent à paraître dès les terrains de transition; peut-être
y a-t-il même dès-lors des os et des squelettes
de poissons; mais il s'en faut encore de beaucoup que l'on ne découvre si tôt des restes d'ani-

maux qui vivent sur la terre sèche et respirent l'air en nature.

Les grandes couches de houille et les troncs de palmiers et de fougères dont elles conservent les empreintes, bien que supposant déjà des terres sèches et une végétation aérienne, ne montrent point encore des os de quadrupèdes, pas même de quadrupèdes ovipares...

Ce n'est qu'un peu au-dessus, dans le schiste cuivreux bitumineux, qu'on en voit la première trace; et, ce qui est bien remarquable, les premiers quadrupèdes sont des reptiles de la famille des lézards, très-semblables aux grands monitors qui vivent aujourd'hui dans la zone torride. Il s'en est trouvé plusieurs individus dans les mines de Thuringe (1) parmi d'innombrables poissons d'un genre aujourd'hui inconnu, mais qui, d'après ses rapports avec les genres de nos jours, paraît avoir vécu dans l'eau douce. Chacun sait que les monitors sont aussi des animaux d'eau douce.

_____

(1) Voyez mes Recherches sur les ossements fossiles, tom. v, deuxième partie, pag. 300.

Un peu plus haut est le calcaire dit des Alpes, et sur lui ce calcaire coquillier riche en entroques et en encrinites, qui fait la base d'une grande partie de l'Allemagne et de la Lorraine.

Il a offert des ossements d'une très-grande tortue de mer dont les carapaces pouvaient avoir de six à huit pieds de longueur, et ceux d'un autre quadrupède ovipare de la famille des lézards de grande taille et à museau très-pointu (1).

Remontant encore au travers de grès qui n'offrent que des empreintes végétales de grandes arondinacées, de bambous, de palmiers et d'autres monocotylédones, on arrive aux différentes couches de ce calcaire qui a été nommé calcaire du Jura, parce qu'il forme le principal noyau de cette chaîne.

C'est là que la classe des reptiles prend tout son développement et déploie des formes variées et des tailles gigantesques.

La partie moyenne, composée d'oolithes et de

---

(1) Voyez mes Recherches sur les ossements fossiles, tom. v, deuxième partie, pages 355 et 525.

lias, ou de calcaire gris à gryphées, a reçu en dépôt les restes de deux genres les plus extraordinaires de tous, qui unissaient les caractères de la classe des quadrupèdes ovipares avec des organes de mouvement semblables à ceux des cétacés.

L'*ichtyosaurus* (1), découvert par sir Éverard Home, a la tête d'un lézard, mais prolongée en un museau effilé, armé de dents coniques et pointues; d'énormes yeux dont la sclérotique est renforcée d'un cadre de pièces osseuses; une épine composée de vertèbres plates comme des dames à jouer, et concaves par leurs deux faces comme celles des poissons; des côtes grêles; un sternum et des os d'épaule semblables à ceux des lézards et des ornithorinques; un bassin petit et faible, et quatre membres dont les humérus et les fémurs sont courts et gros, et dont les autres os, aplatis et rapprochés les uns des autres comme des pavés, composent, enveloppés de la peau, des

_____

(1) Voyez mes Recherches, tom. v, deuxième partie, pag. 447.

nageoires d'une pièce, à peu près sans inflexions, analogues, en un mot, pour l'usage comme pour l'organisation, à celles des cétacés. Ces reptiles vivaient dans la mer; à terre ils ne pouvaient tout au plus que ramper à la manière des phoques; toutefois ils respiraient l'air élastique.

On en a trouvé les débris de quatre espèces :

La plus répandue (*I. communis*) a des dents coniques mousses; sa longueur va quelquefois à plus de vingt pieds.

La seconde (*I. platyodon*), au moins aussi grande, a des dents comprimées, portées sur une racine ronde et renflée.

La troisième (*I. tenuirostris*) a des dents grêles et pointues, et le museau mince et alongé.

La quatrième (*I. intermedius*) tient le milieu, pour les dents, entre la précédente et la commune. Ces deux dernières n'atteignent pas à moitié de la taille des deux premières (1).

Le *plésiosaurus*, découvert par M. Cony-

---

(1) Voyez mes Recherches, tom. v, deuxième partie, pag. 456.

beare, devait paraître encore plus monstrueux que l'ichtyosaurus. Il en avait aussi les membres, mais déjà un peu plus alongés et plus flexibles; son épaule, son bassin étaient plus robustes; ses vertèbres prenaient déjà davantage les formes et les articulations de celles des lézards; mais ce qui le distinguait de tous les quadrupèdes ovipares et vivipares, c'était un cou grêle aussi long que son corps, composé de trente et quelques vertèbres, nombre supérieur à celui du cou de tous les autres animaux, s'élevant sur le tronc comme pourrait faire un corps de serpent, et se terminant par une très-petite tête dans laquelle s'observent tous les caractères essentiels de celle des lézards.

Si quelque chose pouvait justifier ces hydres et ces autres monstres dont les monuments du moyen âge ont si souvent répété les figures, ce serait incontestablement ce plésiosaurus (1).

On en connaît déjà cinq espèces, dont la plus

_____

(1) Voyez mes Recherches sur les ossements fossiles, tom. v, deuxième partie, pages 475 et suivantes.

répandue (*P. dolichodeirus*) arrive à plus de vingt pieds de longueur.

Une seconde (*P. recentior*), trouvée dans des couches plus modernes, a les vertèbres plus plates.

Une troisième (*P. carinatus*) montre une arête à la face inférieure de ses vertèbres.

Une quatrième et une cinquième enfin (*P. pentagonus* et *P. trigonus*) les ont à cinq et à trois arêtes (1).

Ces deux genres sont répandus partout dans le lias; on les a découverts en Angleterre, où cette pierre est à nu sur de longues falaises : mais on les a retrouvés en France et en Allemagne.

Avec eux vivaient deux espèces de crocodiles, dont les os sont aussi déposés dans le lias, parmi des ammonites, des térébratules et d'autres coquilles de cette ancienne mer. Nous en avons des ossements dans nos falaises de Honfleur, où

---

(1) Voyez mes Recherches sur les ossemens fossiles, tom. v, deuxième partie, pages 485 et 486.

se sont trouvés les débris d'après lesquels j'en ai donné les caractères (1).

Une de ces espèces, le *gavial à long bec*, avait le museau plus long et la tête plus étroite que le gavial ou crocodile à long bec du Gange; le corps de ses vertèbres était convexe en avant, tandis que, dans nos crocodiles d'aujourd'hui, il l'est en arrière. On l'a retrouvée dans les lias de Franconie comme dans ceux de France.

Une seconde espèce, le *gavial à bec court*, avait le museau de longueur médiocre, moins effilé que le gavial du Gange, plus que nos crocodiles de Saint-Domingue. Ses vertèbres étaient légèrement concaves à leurs deux extrémités.

Mais ces crocodiles ne sont pas les seuls qu'aient recueillis les bancs de ces calcaires secondaires.

Les belles carrières d'oolithe de Caen en ont offert un très-remarquable, dont le museau, aussi long et plus pointu que celui du gavial

(1) Voyez mes Recherches sur les ossements fossiles, tom. v, deuxième partie, pag. 143.

à long bec, est suivi d'une tête plus dilatée
en arrière, à fosses temporales plus larges ;
c'était, par ses écailles pierreuses et creusées
de fossettes rondes, le mieux cuirassé de tous
les crocodiles (1). Ses dents de la mâchoire inférieure sont alternativement plus longues et
plus courtes.

Il y en a encore un autre dans l'oolithe d'Angleterre, mais que l'on ne connaît que par
quelques portions de son crâne, qui ne suffisent pas pour en donner une idée complète (2).
— Un autre genre de reptiles bien remarquable, et dont les dépouilles, déjà existantes lors
de la concrétion du lias, abondent surtout dans
l'oolithe et dans les sables supérieurs, c'est le
megalosaurus, ainsi nommé à juste titre ; car,
avec les formes des lézards, et particulièrement des monitors, dont il a aussi les dents
tranchantes et dentelées, il était d'une taille si

---

(1) Voyez mes Recherches sur les ossements fossiles,
tom. v, deuxième partie, pag. 127.

(2) Nous en attendons une plus ample connaissance
des recherches de M. Conybeare.

énorme qu'en lui supposant les proportions des monitors, il devait passer soixante - dix pieds de longueur : c'était un lézard grand comme une baleine (1). M. Buckland l'a découvert en Angleterre ; mais nous en avons aussi en France, et il s'en est trouvé en Allemagne des os, sinon de la même espèce, du moins d'une espèce qu'on ne peut rapporter à un autre genre. C'est à M. de Sœmmerring qu'on en doit la première description. Il les a découverts dans des couches supérieures à l'oolithe, dans ces schistes calcaires de Franconie, depuis long - temps célèbres par les nombreux fossiles qu'ils fournissaient aux cabinets des curieux, et qui vont le devenir bien davantage par les services que rend aux arts et aux sciences leur emploi dans la lithographie.

Les crocodiles continuent à se montrer dans ces schistes, et toujours des crocodiles à long museau. M. de Sœmmerring en a décrit un

----

(1) Voyez mes Recherches sur les ossements fossiles, tom. v, deuxième partie, pag. 343.

(le *C. priscus*), dont le squelette entier d'un petit individu est conservé presque comme il pourrait l'être dans nos cabinets (1). C'est un de ceux qui ressemblent le plus au gavial actuel du Gange ; néanmoins, la partie symphysée de sa mâchoire inférieure est moins longue ; ses dents inférieures sont alternativement et régulièrement plus longues et plus courtes ; il a dix vertèbres de plus à la queue.

Mais des animaux beaucoup plus remarquables que recèlent ces mêmes schistes, ce sont les lézards volants que j'ai nommés *ptérodactyles*.

Ce sont des reptiles à queue très-courte, à cou très-long, à museau fort alongé et armé de dents aiguës, portés sur de hautes jambes, et dont l'extrémité antérieure a un doigt excessivement alongé, qui portait vraisemblablement une membrane propre à les soutenir en l'air, accompagné de quatre autres doigts de dimension ordinaire terminés par des on-

---

(1) Voyez mes Recherches sur les ossements fossiles, tom. v, deuxième partie, pag. 120.

gles crochus. L'un de ces animaux étranges, et dont l'aspect serait effrayant si on les voyait aujourd'hui, pouvait être de la taille d'une grive (1); l'autre, de celle d'une chauve-souris commune (2); mais il paraît, par quelques fragments, qu'il en existait des espèces plus grandes (3); et M. Buckland vient tout récemment d'en découvrir encore de nouvelles.

Un peu au-dessus des schistes calcaires est le calcaire presque homogène des crêtes du Jura. Il contient aussi des os, mais toujours de reptiles; des crocodiles et des tortues d'eau douce, dont il offre surtout une grande abondance aux environs de Soleure. Ils y ont été recherchés avec beaucoup de soin par M. Hugi; et, d'après les fragments qu'il a déjà recueillis, il est aisé de reconnaître un nombre considérable d'espèces de *tortues d'eau douce* ou *émydes*, que des découvertes ultérieures pour-

_____

(1) Voyez mes Recherches sur les ossements fossiles, tom. v, deuxième partie, pages 358 et suivantes.

(2) *Ibid.*, pag. 376.

(3) *Ibid.*, pag. 380.

ront seules faire déterminer, mais dont plusieurs se distinguent déjà par leur grandeur et par leurs formes, de toutes les émydes connues (1).

C'est parmi ces innombrables quadrupèdes ovipares, de toutes les tailles et de toutes les formes; au milieu de ces crocodiles, de ces tortues, de ces reptiles volants, de ces immenses mégalosaurus, de ces monstrueux plesiosaurus, que se seraient montrés, dit-on, pour la première fois, quelques petits mammifères; il est certain que des mâchoires et quelques autres os découverts en Angleterre appartiennent à cette classe, et spécialement à la famille des didelphes ou à celle des insectivores.

Plusieurs géologistes ont soupçonné cependant que les pierres qui les incrustent sont dues à quelque recomposition locale et postérieure à l'époque de la formation primitive des bancs. Quoi qu'il en soit, pendant long-temps

(1) Voyez mes Recherches sur les ossements fossiles, tom. v, deuxième partie, pag. 225.

encore on trouve que la classe des reptiles dominait exclusivement.

Les sables ferrugineux placés, en Angleterre, au-dessus de la craie, contiennent en abondance des crocodiles, des tortues, des mégalosaurus, et surtout un reptile qui offrait encore un caractère tout particulier, celui d'user ses dents comme nos mammifères herbivores.

C'est à M. Mantell, de Lewes en Sussex, que l'on doit la découverte de ce dernier animal, ainsi que des autres grands reptiles de ces sables inférieurs à la craie (1). Il l'a nommé *iguanodon*.

Dans la craie même il n'y a que des reptiles; on y voit des restes de tortues, de crocodiles. Les fameuses carrières de tuffau de la montagne de Saint-Pierre, près de Maëstricht, qui appartiennent à la formation de la craie, ont donné, à côté de très-grandes tortues de mer et d'une infinité de coquilles et de zoophytes marins, un genre de lézards non moins gigantes-

_____

(1) Voyez mes *Recherches sur les ossements fossiles*, tom. v, deuxième partie, pages 161, 232 et 350.

ques que le mégalosaurus, qui est devenu célèbre par les recherches de Camper et par les
figures que Faujas a données de ses os, dans
son histoire de cette montagne.

Il était long de vingt-cinq pieds et plus; ses
grandes mâchoires étaient armées de dents
très-fortes, coniques, un peu arquées et relevées d'une arête, et il portait aussi quelques-
unes de ces dents dans le palais. On comptait
plus de cent trente vertèbres dans son épine,
convexes en avant, concaves en arrière. Sa
queue était haute et plate, et formait une
large rame verticale (1). M. Conybeare a proposé récemment de l'appeler *mosasaurus*.

Les argiles et les lignites qui recouvrent le
dessus de la craie ne m'ont encore offert que
des crocodiles (2). J'ai tout lieu de croire que
les lignites qui ont donné, en Suisse, des os
de castor et des tortues du genre appelé trionyx,
et qui est comme le crocodile propre aux ri-

(1) Voyez mes Recherches sur les ossements fossiles,
tom. v, deuxième partie, pages 310 et suivantes.
(2) *Ibid.*, pag. 163.

vières des pays chauds (1), appartiennent à un
âge plus récent. Ce n'est même que dans le
calcaire grossier qui repose sur ces argiles que
j'ai commencé à trouver des os de mammifères;
encore appartiennent-ils tous à des mammifères marins, à des dauphins inconnus, à des
lamantins, à des morses.

Parmi les dauphins, il en est un dont le museau, plus alongé que dans aucune espèce connue, avait la mâchoire inférieure symphysée
sur une bonne partie de sa longueur presque
comme dans un gavial. Il a été trouvé près de
Dax par feu le président de Borda (2).

Un autre, des faluns du département de
l'Orne, avait aussi le museau long, mais un peu
autrement conformé (3).

Le genre entier des lamantins est aujour-

---

(1) Tout récemment M. Graves a envoyé au Muséum
d'histoire naturelle une grande carapace de trionyx,
trouvée dans les terres noires des environs de Beauvais.

(2) Voyez mes Recherches sur les ossements fossiles,
tom. v, première partie, pag. 316.

(3) *Ibid.*, pag. 317.

d'hui habitant des mers de la zone torride ; et celui des morses, dont on ne connaît qu'une espèce vivante, est confiné dans la mer Glaciale. Cependant nous trouvons des ossements de ces deux genres réunis dans les couches de calcaire grossier du milieu de la France ; et cette réunion d'espèces, dont les plus semblables sont aujourd'hui dans des zones opposées, se reproduira plus d'une fois.

Nos lamantins fossiles sont différents des lamantins connus par une tête plus alongée et autrement configurée (1). Leurs côtes, très-reconnaissables à leur épaisseur arrondie et à la densité de leur tissu, ne sont pas rares dans nos différentes provinces.

Quant au morse fossile, on n'en a encore que de petits fragments insuffisants pour en caractériser l'espèce (2).

Ce n'est que dans les couches qui ont suc-

---

(1) Voyez mes Recherches sur les ossements fossiles, tom. v, première partie, pag. 266.

(2) *Ibid.*, première partie, pag. 234; et deuxième partie, pag. 521.

cédé au calcaire grossier, ou tout au plus dans celles qui auraient pu se former en même temps que lui, mais dans des lacs d'eau douce, que la classe des mammifères terrestres commence à se montrer dans une certaine abondance.

Je regarde comme appartenant au même âge, et comme ayant vécu ensemble, mais peut-être sur différents points, les animaux dont les ossements sont ensevelis dans les mollasses et des couches anciennes de gravier du midi de la France ; dans les gypses mêlés de calcaire, tels que ceux des environs de Paris et d'Aix, et dans les bancs marneux d'eau douce recouverts de bancs marins de l'Alsace, de l'Orléanais et du Berry.

Cette population animale porte un caractère très-remarquable dans l'abondance et la variété de certains genres de pachydermes, qui manquent entièrement parmi les quadrupèdes de nos jours, et dont les caractères se rapprochent plus ou moins des tapirs, des rhinocéros et des chameaux.

Ces genres, dont la découverte entière m'est

due, sont : les *palæotheriums*, les *lophiodons*, les *anoplotheriums*, les *anthracotheriums*, les *cheropotames*, les *adapis*.

Les palæotheriums ressemblaient aux tapirs par la forme générale, par celle de la tête, notamment par la brièveté des os du nez, qui annonce qu'ils avaient, comme les tapirs, une petite trompe; enfin par les six dents incisives et les deux canines à chaque mâchoire; mais ils ressemblaient aux rhinocéros par leurs dents mâchelières, dont les supérieures étaient carrées, avec des crêtes saillantes diversement configurées, et les inférieures en forme de doubles croissants, et par leurs pieds, tous les quatre divisés en trois doigts, tandis que dans les tapirs ceux de devant en ont quatre.

C'est un des genres les plus répandus et les plus nombreux en espèces dans les terrains de cet âge.

Nos plâtrières des environs de Paris en fourmillent : on y en trouve des os de sept espèces. La première (*P. magnum*), grande comme un cheval; trois autres de la taille d'un cochon, mais une (*P. medium*) avec des pieds

étroits et longs ; une (*P. crassum*) avec des
pieds plus larges ; une (*P. latum*) avec des
pieds encore plus larges et surtout plus courts ;
la cinquième espèce (*P. curtum*), de la taille
d'un mouton, est bien plus basse et a les pieds
encore plus larges et plus courts à proportion
que la précédente ; une sixième (*P. minus*)
est de la taille d'un agneau, et a des pieds grêles dont les doigts latéraux sont plus courts que
les autres ; enfin il y en a une (*P. minimum*)
qui n'est pas plus grande qu'un lièvre : elle a
aussi les pieds grêles (1).

On a trouvé aussi des *palæotheriums* dans
d'autres contrées de la France : au Puy en Vélay, dans des lits de marne gypseuse, une espèce (*P. velaunum*) (2) très – semblable au
P. medium, mais qui en diffère par quelques
détails de sa mâchoire inférieure ; aux environs d'Orléans, dans des couches de pierre

---

(1) Voyez mes Recherches sur les ossements fossiles,
dans tout le tom. III, et spécialement pag. 250 ; et tom. v,
deuxième partie, pag. 505.

(2) *Ibid.*, tom. v, deuxième partie, pag. 505.

marneuse, une espèce (*P. aurelianense*) (1)
qui se distingue des autres parce que ses molaires inférieures ont l'angle rentrant de leur
croissant fendu en une double pointe, et par
quelques différences dans les collines des molaires supérieures; auprès d'Issel, dans une
couche de gravier ou de mollasse, le long des
pentes de la Montagne - Noire, une espèce
(*P. isselanum*) (2), qui a le même caractère
que celle d'Orléans, et dont la taille est plus
petite; mais c'est surtout dans les mollasses du
département de la Dordogne que le palæothe-
rium s'est retrouvé non moins abondamment
que dans nos plâtrières de Paris.

M. le duc Decaze en a découvert, dans les
carrières d'un seul parc, des os de trois espèces
qui paraissent différentes de toutes celles de
nos environs (3).

---

(1) Voyez mes Recherches sur les ossements fossiles
dans tout le tom. III, pag. 254; et tom. IV, pages 498
et 499.

(2) *Ibid.*, tom. III, pag. 258.

(3) *Ibid.*, tom. v, deuxième partie, pag. 505.

Les *lophiodons* se rapprochent encore un peu plus des tapirs que ne font les palæotheriums, en ce que leurs mâchelières inférieures ont des collines transverses comme celles des tapirs.

Ils diffèrent cependant de ces derniers, parce que celles de devant sont plus simples, que la dernière de toutes a trois collines, et que les supérieures sont rhomboïdales et relevées d'arêtes fort semblables à celles des rhinocéros.

On ignore encore quelle est la forme de leur museau et le nombre de leurs doigts. J'en ai découvert jusqu'à douze espèces, toutes de France, ensevelies dans des pierres marneuses formées dans l'eau douce, et remplies de limnées et de planorbes qui sont des coquilles d'étang et de marais.

La plus grande se trouve près d'Orléans dans la même carrière que les palæotheriums ; elle approche du rhinocéros.

Il y en a dans le même lieu une autre plus petite ; une troisième se trouve à Montpellier ; une quatrième près de Laon ; deux près de Buchsweiler en Alsace ; cinq près d'Argenton, en Berry ; et l'une des trois se retrouve près d'Is-

sel, où il y en a encore deux autres. Il y en a
aussi une très-grande près de Gannat (1).

Ces espèces diffèrent entre elles par la taille,
qui dans les plus petites devait égaler à peine
celle d'un agneau de trois mois, et par des
détails dans les formes de leurs dents qu'il serait trop long et trop minutieux d'exposer ici.

Ce sont surtout des os de lophiodon qui se
sont trouvés près de Paris dans les couches supérieures du calcaire grossier.

Les *anoplotheriums* ne se sont trouvés jusqu'à présent que dans les seules plâtrières des
environs de Paris et dans quelques endroits du
calcaire grossier du même canton. Ils ont deux
caractères qui ne s'observent dans aucun autre
animal ; des pieds à deux doigts dont les méta-
carpes et les métatarses demeurent distincts et
ne se soudent pas en canons comme ceux des
ruminants, et des dents en série continue et que
n'interrompt aucune lacune. L'homme seul a

---

(1) Voyez mes Recherches sur les ossements fossiles,
tom. II, première partie, pages 177 et 218; tom. III,
page 394; et tom. IV, pag. 498.

les dents ainsi contiguës les unes aux autres sans intervalle vide ; celles des anoplotheriums consistent en six incisives à chaque mâchoire, une canine et sept molaires de chaque côté, tant en haut qu'en bas ; leurs canines sont courtes et semblables aux incisives externes. Les trois premières molaires sont comprimées ; les quatre autres sont, à la mâchoire supérieure, carrées avec des crêtes transverses et un petit cône entre elles ; et à la mâchoire inférieure en double croissant, mais sans collet à la base. La dernière a trois croissants. Leur tête est de forme oblongue, et n'annonce pas que le museau se soit terminé ni en trompe ni en boutoir.

Ce genre extraordinaire, qui ne peut se comparer à rien dans la nature vivante, se subdivise en trois sous-genres : les *anoplotheriums* proprement dits, dont les molaires antérieures sont encore assez épaisses, et dont les postérieures d'en bas ont leurs croissants à crête simple ; les *xiphodons*, dont les molaires antérieures sont minces et tranchantes, et dont les postérieures d'en bas ont vis-à-vis la concavité de chacun de leurs croissants une pointe qui prend aussi en s'usant la forme d'un croissant, en sorte qu'alors les croissants sont doubles comme dans les ruminants ; les *dichobunes*, dont les croissants extérieurs sont pointus dans le commencement, et qui ont ainsi sur leurs arrière-molaires inférieures des pointes disposées par paires.

L'*anoplotherium* le plus commun dans nos plâtrières (*An. commune*) est un animal haut comme un sanglier, mais bien plus alongé, et portant une queue très-longue et très-grosse, en sorte qu'au total il a à peu près les proportions de la loutre, mais plus en grand. Il est probable qu'il nageait bien et fréquentait les lacs, dans le fond desquels ses os ont été incrustés par le gypse qui s'y déposait. Nous en avons un un peu plus petit, mais d'ailleurs assez semblable (*An. secundarium*).

Nous ne connaissons encore qu'un xiphodon, mais très-remarquable, celui que je nomme *An. gracile*. Il est svelte et léger comme la plus jolie gazelle.

Il y a un dichobune à peu près de la taille du

lièvre, que j'appelle *An. leporinum.* Outre ses caractères sous-génériques, il diffère des anoplotheriums et des xiphodons par deux doigts petits et grêles qu'il a à chaque pied aux côtés des deux grands doigts.

Nous ne savons pas si ces doigts latéraux existent dans les deux autres dichobunes, qui sont petits et surpassent à peine le cochon d'Inde (1).

Le genre des *antracotheriums* est à peu près intermédiaire entre les palæotheriums, les anoplotheriums et les cochons. Je l'ai nommé ainsi, parce que deux de ces espèces ont été trouvées dans les lignites de Cadibona, près de Savone. La première approchait du rhinocéros pour la taille ; la seconde était beaucoup moindre. On en trouve aussi en Alsace et dans le Vélay. Leurs mâchelières ont des rapports avec celles des anoplotheriums ; mais ils ont des canines saillantes (2).

_____

(1) Sur les anoplotheriums, voyez tout le tome III de mes Recherches, et particulièrement les pages 250 et 396.

(2) Voyez mes Recherches sur les ossemens fossiles,

Le genre *cheropotame* vient de nos plâtrières,
où il accompagne les palæotheriums et les anoplotheriums, mais où il est beaucoup plus rare.
Ses molaires postérieures sont carrées en haut,
rectangulaires en bas, et ont quatre fortes
éminences coniques entourées d'éminences plus
petites. Les antérieures sont des cônes courts,
légèrement comprimées et à deux racines. Ses
canines sont petites. On ne connaît pas encore
ses incisives ni ses pieds. Je n'en ai qu'une
espèce de la taille d'un cochon de Siam (1).

Le genre *adapis* n'a également qu'une espèce, au plus de la taille d'un lapin : il vient
aussi de nos plâtrières, et devait tenir de près
aux anoplothériums (2).

Ainsi voilà près de quarante espèces de pachydermes de genres entièrement éteints, et
dans des tailles et des formes auxquelles le

---

tom. III, pages 398 et 404; tom. IV, pag. 501 ; tom. v,
deuxième partie, pag. 506.

(1) *Ibid.*, tom. III, pag. 260.

(2) *Ibid.*, tom. III, pag. 265.

règne animal actuel n'offre de comparables que trois tapirs et un daman.

Ce grand nombre de pachydermes est d'autant plus remarquable, que les ruminants, aujourd'hui si nombreux dans les genres des cerfs et des gazelles, et qui arrivent à une si grande taille dans ceux des bœufs, des girafes et des chameaux, ne se montrent presque pas dans les terrains dont nous parlons maintenant.

Je n'en ai pas vu le moindre reste dans nos plâtrières, et tout ce qui n'en est parvenu consiste en quelques fragments d'un cerf de la taille du chevreuil, mais d'une autre espèce, recueillis avec les palæotheriums d'Orléans (1), et dans un ou deux autres petits morceaux de Suisse, et peut-être d'origine équivoque.

Mais nos pachydermes n'étaient pas pour cela les seuls habitants des pays où ils vivaient. Dans nos plâtrières, du moins, nous trouvons avec eux des carnassiers, des rongeurs, plusieurs sortes d'oiseaux, des crocodiles et des

---

(1) Voyez mes Recherches sur les ossements fossiles, tom. IV, pag. 103.

tortues; et ces deux derniers genres les accompagnent aussi dans les mollasses et les pierres marneuses du milieu et du midi de la France.

A la tête des carnassiers je place une chauve-souris tout récemment découverte à Montmartre, et du propre genre des vespertilions (1). L'existence de ce genre à une époque si reculée est d'autant plus surprenante, que ni dans ce terrain, ni dans ceux qui lui ont succédé, je n'ai pas vu d'autre trace ni des cheiroptères ni des quadrumanes. Aucun os, aucune dent de singe ni de maki ne se sont jamais présentés à moi dans mes longues recherches.

Montmartre a aussi donné les os d'un renard différent du nôtre et qui diffère également des chacals, des isatis et des différentes espèces de renards que nous connaissons en Amérique (2);

_____

(1) J'en dois la connaissance à M. le comte de Bournon; et comme je ne l'ai pas décrite dans mon grand ouvrage, j'en donne une figure, planche 11, figures 1 et 2.

(2) Voyez mes Recherches sur les ossemens fossiles, tom. III, pag. 267.

ceux d'un carnassier voisin des ratons et des coatis, mais plus grand que ceux qui sont connus (1); ceux d'une espèce particulière de genette (2) et de deux ou trois autres carnassiers impossibles à déterminer, faute d'en avoir des portions assez complètes.

Ce qui est bien plus notable encore, il y a des squelettes d'un petit sarigue, voisin de la marmose, mais différent, et par conséquent d'un animal dont le genre est aujourd'hui confiné dans le Nouveau-Monde (3), et celui d'une espèce beaucoup plus grande de la même famille, d'un thylacine, genre qui ne s'est retrouvé vivant qu'à la Nouvelle-Hollande (4). On y a recueilli aussi des squelettes de deux petits

(1) Voyez mes Recherches sur les ossemens fossiles, tom. III, pag. 269.

(2) *Ibid.*, pag. 272.

(3) *Ibid.*, pag. 284.

(4) Je donnerai la description de ses débris dans un volume de supplément à mes Recherches sur les os fossiles, qui paraîtra dans quelque temps.

rongèurs du genre des loirs (1) et une tête du genre des écureuils (2).

Nos plâtrières sont plus fécondes en os d'oiseaux qu'aucuns des autres bancs antérieurs et postérieurs : on y en trouve des squelettes entiers et des parties d'au moins dix espèces de tous les ordres (3).

Les crocodiles de l'âge dont nous parlons se rapprochent de nos crocodiles vulgaires par la forme de la tête, tandis que dans les bancs de l'âge du Jura on ne voit que des espèces voisines du gavial.

Il y en avait à Argenton une espèce remarquable par des dents comprimées, tranchantes, et à tranchant dentelé comme celles de certains monitors (4). On en voit aussi quelques restes dans nos plâtrières (5).

---

(1) Voyez mes Recherches sur les ossements fossiles, tom. III, pages 297 et 300.

(2) *Ibid.*, tom. v, deuxième partie, page 506.

(3) *Ibid.*, tom III, pages 304 et suivantes.

(4) *Ibid.*, tom. v, deuxième partie, pag. 166.

(5) *Ibid.*, tom. III, pag. 335 ; tom. v, deuxième partie, pag. 166.

Les tortues de cet âge sont toutes d'eau douce; les unes appartiennent au sous-genre des émydes; et il y en a, soit à Montmartre (1), soit surtout dans les molasses de la Dordogne (2), de plus grandes que toutes celles que l'on connaît vivantes; les autres sont des trionyx ou tortues molles (3). Ce genre, que l'on distingue aisément à la surface vermiculée des os de sa carapace, et qui n'existe aujourd'hui que dans les rivières des pays chauds, telles que le Nil, le Gange, l'Orénoque, était très-abondant sur les terrains qu'habitaient les palæotheriums. Il y en a une infinité de débris à Montmartre (4), et dans les molasses de la Dordogne et autres dépôts de graviers du midi de la France (5).

(1) Voyez mes Recherches sur les ossements fossiles, tom. III, pag. 333.

(2) Ibid., tom. v, deuxième partie, pag. 232.

(3) Ibid., tom. III, pag. 329; tom. v, deuxième partie, pag. 222.

(4) Ibid., tom. v, deuxième partie, pages 223 et 227.

(5) M. Graves vient de me communiquer la carapace bien entière d'un très-grand trionyx des terres noires de Beauvais.

Les lacs d'eau douce autour desquels vivaient ces divers animaux, et qui recevaient leurs ossements, nourrissaient, outre les tortues et les crocodiles, quelques poissons et quelques coquillages. Tous ceux que l'on a recueillis sont aussi étrangers à notre climat et même aussi inconnus dans les eaux actuelles que les palæotheriums et les autres quadrupèdes leurs contemporains (1).

Les poissons appartiennent même en partie à des genres inconnus.

Ainsi l'on ne peut douter que cette population, que l'on pourrait appeler d'âge moyen, cette première grande production de mammifères, n'ait été entièrement détruite; et, en effet, partout où l'on en découvre les débris, il y a au-dessus de grands dépôts de formation marine, en sorte que la mer a envahi les pays que ces races habitaient, et s'est reposée sur eux pendant un temps assez long.

Les pays inondés par elle à cette époque

(1) Voyez mes Recherches sur les ossements fossiles, tom. III, pag. 338.

étaient-ils considérables en étendue? c'est ce que l'étude de ces anciens bancs formés dans leurs lacs ne permet pas encore de décider.

J'y rapporte nos plâtrières et celles d'Aix, plusieurs carrières de pierres marneuses et les molasses, du moins celles du midi de la France. Je crois pouvoir y rapporter aussi les portions des molasses de Suisse, et des lignites de Ligurie et d'Alsace, où l'on trouve des quadrupèdes des familles que je viens de faire connaître; mais je ne sache pas qu'aucuns de ces animaux se soient encore retrouvés en d'autres pays. Les os fossiles de l'Allemagne, de l'Angleterre et de l'Italie, que je connais, sont ou plus anciens ou plus nouveaux que ceux dont nous venons de parler, et appartiennent ou à ces antiques races de reptiles des terrains jurassiques et des schistes cuivreux, ou aux dépôts de la dernière inondation universelle, aux terrains diluviaux.

Il est donc permis de croire, jusqu'à ce que l'on ait la preuve du contraire, qu'à l'époque où vivaient ces nombreux pachydermes, le globe ne leur offrait pour habitations qu'un petit nombre de plaines assez fécondes pour qu'ils s'y multipliassent, et que peut-être ces plaines étaient des régions insulaires, séparées par d'assez grands espaces des chaînes plus élevées, où nous ne voyons pas que nos animaux aient laissé des traces.

Grâces aux recherches de M. Adolphe Brongniart, nous connaissons aussi la nature des végétaux qui couvraient ces terres peu nombreuses. On recueille, dans les mêmes couches que nos palæotheriums, des troncs de palmiers et beaucoup d'autres de ces belles plantes dont les genres ne croissent plus que dans les pays chauds; les palmiers, les crocodiles, les trionyx, se retrouvent toujours en plus ou moins grand nombre là où se trouvent nos anciens pachydermes (1).

Mais la mer, qui avait recouvert ces terrains et détruit leurs animaux, laissa de grands dépôts qui forment encore aujourd'hui, à peu de profondeur, la base de nos grandes plaines;

---

(1) Voyez mes Recherches sur les ossements fossiles, tom. III, pag. 351 et suivantes.

ensuite elle se retira de nouveau, et livra
d'immenses surfaces à une population nouvelle, à celle dont les débris remplissent les
couches sablonneuses et limoneuses de tous les
pays connus.

C'est à ce dépôt paisible de la mer que je
crois devoir rapporter quelques cétacés fort
semblables à ceux de nos jours : un dauphin
voisin de notre épaulard (1), et une baleine (2)
très-semblable à nos rorquals, déterrés l'un et
l'autre en Lombardie par M. Cortesi; une
grande tête de baleine trouvée dans l'enceinte
même de Paris (3), et décrite par Lamanon et
par Daubenton; et un genre entièrement nouveau, que j'ai découvert et nommé *ziphius*, et
qui se compose déjà de trois espèces. Il se rapproche des cachalots et des hypéroodons (4).

Dans la population qui remplit nos couches

---

(1) Voyez mes Recherches sur les ossements fossiles,
tom. v, première partie, pag. 3o9.

(2) *Ibid.*, pag. 3go.

(3) *Ibid.*, pag. 3g3.

(4) *Ibid.*, pages 352 et 357.

meubles et superficielles, et qui a vécu sur le
dépôt dont nous venons de parler, il n'y a plus
ni palæotheriums, ni anoplotheriums, ni aucun de ces genres singuliers. Les pachydermes
cependant y dominaient encore ; mais des pachydermes gigantesques, des éléphants, des
rhinocéros, des hippopotames, accompagnés
d'innombrables chevaux et de plusieurs grands
ruminants. Des carnassiers de la taille du lion,
du tigre, de l'hyène, désolaient ce nouveau
règne animal. En général, son caractère,
même dans l'extrême nord et sur les bords de
la mer Glaciale d'aujourd'hui, ressemblait à
celui que la seule zone torride nous offre maintenant, et toutefois aucune espèce n'y était absolument la même.

Parmi ces animaux se montrait surtout l'é-
léphant appelé *mammouth* par les Russes (*Ele-
phas primigenius*. Blumenb.), haut de quinze
et dix-huit pieds, couvert d'une laine grossière
et rousse, et de longs poils roides et noirs qui
lui formaient une crinière le long du dos ; ses
énormes défenses étaient implantées dans des
alvéoles plus longs que ceux des éléphants de

nos jours ; mais du reste il ressemblait assez à
l'éléphant des Indes (1). Il a laissé des milliers
de ses cadavres, depuis l'Espagne jusqu'aux ri-
vages de la Sibérie, et l'on en retrouve dans
toute l'Amérique septentrionale ; en sorte qu'il
était répandu des deux côtés de l'Océan, si
toutefois l'Océan existait de son temps à la
place où il est aujourd'hui. Chacun sait que ses
défenses sont encore si bien conservées dans
les pays froids, qu'on les emploie aux mêmes
usages que l'ivoire frais ; et, comme nous l'a-
vons fait remarquer précédemment, on en a
trouvé des individus avec leur chair, leur peau
et leurs poils, qui étaient demeurés gelés depuis la dernière catastrophe du globe. Les Tartares et les Chinois ont imaginé que c'est un
animal qui vit sous terre, et qui périt sitôt
qu'il aperçoit le jour.

Après lui, et presque son égal, venait aussi
dans les pays qui forment les deux continents

(1) Voyez mes Recherches sur les ossements fossiles,
tom. I, pag. 75 à 195 et 335 ; tom. III, pag. 371 et 405 ;
tom. IV, pag. 491.

actuels, le *mastodonte à dents étroites*, semblable à l'éléphant, armé comme lui d'énormes
défenses, mais de défenses revêtues d'émail,
plus bas sur jambes, et dont les mâchelières,
mamelonnées et revêtues d'un émail épais et
brillant, ont fourni pendant long-temps ce
que l'on appelait turquoises occidentales (1).

Ses débris, assez communs dans l'Europe
tempérée, ne le sont pas autant vers le nord;
mais on en retrouve dans les montagnes de
l'Amérique du sud avec deux espèces voisines.

L'Amérique du nord possède en nombre immense les débris du *grand mastodonte*, espèce
plus grande que la précédente, aussi haute
à proportion que l'éléphant, à défenses non
moins énormes, et que ses mâchelières, héris-
sées de pointes, ont fait prendre long-temps
pour un animal carnivore (2).

Ses os étaient d'une grande épaisseur et de
beaucoup de solidité; on prétend avoir re-

---

(1) Voyez mes Recherches sur les ossements fossiles,
tom. 1, pag. 250 à 265 et pag. 335; tom. iv, pag. 493.

(2) *Ibid.*, pag. 206 à 249; tom. iii, pag. 376.

trouvé jusqu'à ses sabots et son estomac, encore conservés et reconnaissables, et l'on assure que l'estomac était rempli de branches d'arbre concassées. Les sauvages croient que cette race a été détruite par les dieux, de peur qu'elle ne détruisît l'espèce humaine.

Avec ces énormes pachydermes vivaient les deux genres un peu inférieurs des rhinocéros et des hippopotames.

L'hippopotame de cette époque était assez commun dans les pays qui forment aujourd'hui la France, l'Allemagne, l'Angleterre; il l'était surtout en Italie. Sa ressemblance avec l'espèce actuelle d'Afrique était telle, qu'il faut une comparaison attentive pour en saisir les distinctions (1).

Il y avait aussi, dans ce temps-là, une pe-

---

(1) Voyez mes recherches sur les ossements fossiles, tom. I, pag. 304 à 322; tom. III, pag. 380; tom. IV, pag. 493. Tout nouvellement je viens de recevoir de Sicile, par M. le comte de Ratti-Menton, des os d'un hippopotame un peu plus petit que l'ordinaire, trouvés en abondance dans une caverne du voisinage de Palerme.

tite espèce d'hippopotame de la taille du sanglier, à laquelle on ne peut rien comparer
maintenant.

Les rhinocéros de grande taille étaient au
moins au nombre de trois, tous bicornes.

L'espèce la plus répandue en Allemagne, en
Angleterre (mon *Rh. tichorhinus*), et qui,
comme l'éléphant, se retrouve jusque près des
bords de la mer Glaciale, où elle a aussi laissé
des individus entiers, avait la tête alongée, les
os du nez très-robustes, soutenus par une cloi-
son des narrines osseuse et non simplement car-
tilagineuse, et manquait d'incisives (1).

Une autre espèce plus rare et de pays plus
tempérés (*Rh. incisivus*) (2), avait des incisives
comme nos rhinocéros actuels des Indes-Orien-
tales, et ressemblait surtout à celui de Sumatra (3); ses caractères distinctifs dépen-

_____

(1) Voyez mes Recherches sur les ossements fossiles,
tom. ii, première partie, pag. 64; et tom. iv, pag. 496.

(2) *Ibid.*, tom. ii, première partie, pag. 89; tom. iii,
pag. 390; et tom. v, deuxième partie, pag. 501.

(3) *Ibid.*, tom. iii, pag. 385.

daient des formes un peu différentes de sa tête.

La troisième (*Rh. leptorhinus*) manquait d'incisives, comme la première et comme le rhinocéros du Cap d'aujourd'hui ; mais elle se distinguait par un museau plus pointu et des membres plus grêles (1). C'est surtout en Italie que ses os sont enfouis, dans les mêmes couches que ceux d'éléphants, de mastodontes et d'hippopotames.

Il y a ensuite une quatrième espèce (*Rh. minutus*) munie, comme la deuxième, de dents incisives, mais de taille beaucoup moindre, et à peine supérieure au cochon (2). Elle était rare, sans doute ; car on n'en a encore recueilli les débris que dans quelques endroits de France.

A ces quatre genres de grands pachydermes, s'en joignait un qui les égalait pour la taille, dont les mâchelières ressemblaient à celles du tapir, mais dont la mâchoire inférieure portait deux énormes défenses, presque

---

(1) Voyez mes Recherches sur les ossements fossiles, tom. II, première partie, pag. 71.

(2) *Ibid.*, pag. 89.

égales à celles d'un éléphant. Ceux qui ont complété, par ce dernier caractère, la connaissance de cet animal, lui ont imposé le nom de *deinotherium*. Il était au moins double de l'hippopotame pour la longueur (1).

On en trouve les mâchelières en plusieurs lieux de France et d'Allemagne; et presque toujours accompagnant celles de rhinocéros, de mastodontes ou d'éléphants.

Il s'y joignait encore, mais à ce qu'il paraît en un très-petit nombre de lieux, un grand pachyderme dont on ne connaît que la mâchoire inférieure, et dont les dents étaient en doubles croissants et ondulées. M. Fischer, qui l'a découvert parmi des os de Sibérie, l'a nommé *Elasmotherium* (2).

---

(1) Voyez mes Recherches sur les ossements fossiles, tom. II, première partie, pag. 165. C'est tout nouvellement que la mâchoire inférieure de cet animal a été découverte, portant encore ses défenses, dans une sablonnière très-riche en ossements, située à Eppelsheim, dans l'ancien Palatinat. Voyez le Mém. de M. Kaup, dans l'Isis de 1829, p. 409. J'en parlerai en détail dans mon supplément.

(2) *Ibid.*, pag. 95.

Le genre du cheval existait aussi dès ce temps-là (1). Ses dents accompagnent par milliers celles que nous venons de nommer dans presque tous leurs dépôts ; mais il n'est pas possible de dire si c'était ou non une des espèces aujourd'hui existantes, parce que les squelettes de ces espèces se ressemblent tellement, qu'on ne peut les distinguer d'après des fragments isolés.

Les ruminants étaient infiniment plus nombreux qu'à l'époque des palæotheriums ; leur proportion numérique devait même assez peu différer de ce qu'elle est aujourd'hui ; mais on s'est assuré pour plusieurs espèces qu'elles étaient différentes.

C'est ce que l'on peut dire surtout avec beaucoup de certitude d'un cerf de taille supérieure même à l'élan, qui est commun dans les marnières et les tourbières de l'Irlande et de l'Angleterre, et dont on a aussi déterré des restes en France, en Allemagne et en Italie

---

(1) Voyez mes Recherches sur les ossemens fossiles, tom. II, première partie, pag. 109.

dans les mêmes lits qui recèlent des os d'éléphant : ses bois, élargis et branchus, ont jusqu'à douze et quatorze pieds d'une pointe à l'autre en suivant les courbures (1).

La distinction n'est pas aussi claire pour les os de cerfs et de bœufs que l'on a recueillis dans certaines cavernes et dans les fentes de certains rochers ; ils y sont quelquefois, et surtout dans les cavernes de l'Angleterre, accompagnés d'os d'éléphant, de rhinocéros, d'hippopotame, et de ceux d'une hyène qui se rencontre aussi dans plusieurs couches meubles avec ces mêmes pachydermes ; par conséquent ils sont du même âge ; mais il n'en reste pas moins difficile de dire en quoi ils diffèrent des bœufs et des cerfs d'aujourd'hui (2).

Les fentes des rochers de Gibraltar, de Cette, de Nice, d'Uliveto près de Pise, et d'autres lieux des bords de la Méditerranée, sont rem-

---

(1) Voyez mes Recherches sur les ossements fossiles, tom. IV, pag. 70.

(2) J'en parlerai dans le volume de supplément à mes Recherches sur les fossiles.

plies d'un ciment rouge et dur qui enveloppe
des fragments de rocher et des coquilles d'eau
douce avec beaucoup d'os de quadrupèdes, la
plupart fracturés : c'est ce que l'on a nommé
des brèches osseuses. Les os qui les remplissent
offrent quelquefois des caractères suffisants
pour prouver qu'ils viennent d'animaux inconnus au moins en Europe. On y trouve, par
exemple, quatre espèces de cerfs, dont trois
ont à leurs dents des caractères qui ne s'observent que dans les cerfs de l'archipel des Indes.

Il y en a près de Vérone une cinquième
dont les bois surpassent en volume ceux des
cerfs du Canada (1). MM. Jobert et Croiset ont
découvert beaucoup d'autres nouvelles espèces
de cerfs dans la montagne de Perrier ou de
Boulade, près d'Issoire, en Auvergne (2).

On trouve aussi dans certains lieux, avec des
os de rhinocéros et d'autres quadrupèdes de

(1) Voyez mes Recherches sur les ossements fossiles,
tom. IV, pag. 168 à 225.

(2) Recherches sur les ossements fossiles du département du Puy-de-Dôme (Clermont, 1829).

cette époque, ceux d'un cerf tellement semblable au renne, qu'il serait très-difficile de lui assigner des caractères distinctifs; ce qui est d'autant plus extraordinaire, que les rennes sont aujourd'hui confinés dans les climats les plus glacés du nord, tandis que tout le genre des rhinocéros appartient à la zone torride (1).

Il existe dans les couches dont nous parlons des restes d'une espèce fort semblable au daim, mais d'un tiers plus grande (2), et des quantités innombrables de bois très-ressemblants à ceux des cerfs d'aujourd'hui (3), ainsi que des os très-analogues à ceux de l'aurochs (4) et à ceux du bœuf domestique (5), deux espèces fort distinctes que les naturalistes qui nous ont précédés avaient mal à propos confondues. Ce-

---

(1) Voyez mes Recherches sur les ossements fossiles, tom. IV, pag. 89.

(2) *Ibid.*, pag. 94.

(3) *Ibid.*, pag. 98.

(4) *Ibid.*, pag. 140 ; et tom. v, deuxième partie, pag. 509.

(5) *Ibid.*, pag. 150 ; tom. v, deuxième partie, pag. 510.

pendant les têtes entières, semblables à celles de ces deux animaux, ainsi qu'à celle du bœuf musqué du Canada (1), que l'on a souvent retirées de la terre, ne viennent pas de positions assez bien constatées pour qu'on puisse assurer que ces espèces aient été contemporaines des grands pachydermes que nous venons de mentionner.

Les brèches osseuses des bords de la Méditerranée ont aussi donné deux espèces de *lagomys* (2), animaux dont le genre n'existe aujourd'hui qu'en Sibérie; deux espèces de lapins (3), des campagnols, et des rats de la taille du rat d'eau et de celle de la souris (4). Les cavernes de l'Angleterre en ont donné également (5).

---

(1) Voyez mes Recherches sur les ossements fossiles, tom. IV, pag. 155.

(2) *Ibid.*, pages 199 à 204.

(3) *Ibid.*, pages 174, 177 et 196; tom. V, première partie, pag. 55.

(4) *Ibid.*, pages 178, 202 et 206; tom. V, première partie, pag. 54.

(5) *Ibid.*, tom. V, première partie, pag. 55.

Les brèches osseuses contiennent jusqu'à des os de musaraignes et de petits lézards (1).

Il y a dans certaines couches sableuses de la Toscane des dents d'un porc-épic (2), et dans celles de la Russie des têtes d'une espèce de castor plus grande que les nôtres, que M. Fischer a nommée *trogontherium* (3).

Mais c'est surtout dans la classe des édentés que ces races d'animaux de l'avant-dernière époque reprennent une taille bien supérieure à celle de leurs congénères actuels, et s'élèvent même à une grandeur tout-à-fait gigantesque.

Le *megatherium* réunit une partie des caractères génériques des tatous avec une partie de ceux des paresseux, et pour la taille il égale les plus grands rhinocéros. Ses ongles devaient être d'une longueur et d'une force monstrueuses : toute sa charpente est d'une

---

(1) Voyez mes Recherches sur les ossements fossiles, tom. IV, pag. 206.

(2) *Ibid.*, tom. V, deuxième partie, pag. 517.

(3) *Ibid.*, première partie, pag. 59.

solidité excessive. On n'en a déterré encore que dans les couches sableuses de l'Amérique septentrionale (1).

Le *mégalonyx* lui ressemblait beaucoup pour les caractères, mais était un peu moindre; ses ongles étaient plus longs et plus tranchants. On en a trouvé quelques os et des doigts entiers dans certaines cavernes de la Virginie et dans une île de la côte de la Géorgie (2).

Ces deux énormes édentés n'ont encore donné de leurs restes qu'en Amérique; mais l'Europe en possédait un qui ne leur cédait point pour la force. On ne le connaît que par une seule phalange onguéale; mais cette phalange suffit pour nous assurer qu'il était fort semblable à un pangolin, mais à un pangolin de près de vingt-quatre pieds de longueur. Il vivait dans les mêmes cantons que les éléphants, les rhinocéros et les *deinotheriums*;

---

(1) Voyez mes Recherches sur les ossements fossiles, tom. v, première partie, pag. 174; et deuxième partie, pag. 519.

(2) *Ibid*, première partie, pag. 160.

car on en a trouvé les os avec les leurs dans une sablonnière du pays de Darmstadt, non loin du Rhin (1).

Les brèches osseuses contiennent aussi, mais très-rarement, des os de carnassiers (2), qui sont beaucoup plus nombreux dans les cavernes, c'est-à-dire dans des cavités plus larges et plus compliquées que les fentes ou filons à brèches osseuses. Le Jura en a surtout de célèbres dans sa partie qui s'étend en Allemagne, où depuis des siècles on en a enlevé et détruit des quantités incroyables, parce qu'on leur attribuait des vertus médicales particulières, et néanmoins il en reste encore de quoi étonner l'imagination; ce sont principalement des os d'une espèce d'ours très-grande (*ursus spelaeus*), caractérisée par un front plus bombé que celui d'aucun de nos ours vivants (3); avec ces os se mêlent ceux de deux autres espèces

---

(1) Voyez mes Recherches sur les ossements fossiles, tom. v, première partie, pag. 193.

(2) *Ibid.*, tom. IV, pag. 193.

(3) *Ibid.*, pag. 351.

d'ours (*U. arctoidens* et *U. priscus*) (1); ceux d'une hyène (*H. fossilis*) voisine de l'hyène tachetée du Cap, mais différente par quelques détails de ses dents et des formes de sa tête (2); ceux de deux tigres ou panthères (3), ceux d'un loup (4), ceux d'un renard (5), ceux d'un glouton (6), ceux de belettes, de genettes et d'autres petits carnassiers (7).

On peut remarquer encore ici cet alliage singulier d'animaux dont les semblables vivent maintenant dans des climats aussi éloignés que le Cap, pays des hyènes tachetées, et la Laponie, pays des gloutons actuels : c'est ainsi que nous avons vu dans une caverne de France un rhinocéros et un renne à côté l'un de l'autre.

---

(1) Voyez mes Recherches sur les ossements fossiles, tom. IV, pages 356 et 357.

(2) *Ibid.*, pages 392 et 507.

(3) *Ibid.*, pag. 452.

(4) *Ibid.*, pag. 458.

(5) *Ibid.*, pag. 461.

(6) *Ibid.*, pag. 475.

(7) *Ibid.*, pag. 467.

Les ours sont rares dans les couches meubles. On dit cependant en avoir trouvé en Autriche et en Hainaut de la grande espèce des cavernes; et il y en a en Toscane d'une espèce particulière, remarquable par ses canines comprimées (*urs. cultridens*) (1). Les hyènes s'y voient plus fréquemment : nous en avons, en France, trouvé avec des os d'éléphant et de rhinocéros. On a découvert depuis peu en Angleterre une caverne qui en recélait des quantités prodigieuses, où il y en avait de tout âge, dont le sol offrait même de leurs excréments bien reconnaissables. Il paraît qu'elles y ont vécu longtemps, et que ce sont elles qui y ont entraîné les os d'éléphants, de rhinocéros, d'hippopotames, de chevaux, de bœufs, de cerfs, et de divers rongeurs qui y sont avec les leurs, et portent des marques sensibles de la dent des hyènes. Mais que devait être le sol de l'Angleterre lorsque ces énormes animaux y servaient

---

(1) Voyez mes Recherches sur les ossements fossiles, tom. IV, pag. 378 et 507; et tom. v, deuxième partie, pag. 516.

de proie à des bêtes féroces ? Ces cavernes recèlent aussi des os de tigres, de loups, de renards ; mais ceux d'ours y sont d'une rareté
excessive (1).

Quoi qu'il en soit, on voit qu'à l'époque dont
nous passons en revue la population animale, la
classe des carnassiers était nombreuse et puis-
sante ; elle comptait trois ours à canines rondes,
un ours à canines comprimées, un grand tigre
ou lion, un autre felis de la taille de la pan-
thère, deux hyènes, un loup, un renard, un
glouton, une marte ou mouffette, une belette.

La classe des rongeurs, composée en général
d'espèces faibles et petites, a été peu remarquée
par les collecteurs de fossiles ; et toutefois ses
débris, dans les couches et dépôts dont nous
parlons, ont aussi offert des espèces inconnues.
Telle est surtout une espèce de lagomys des
brèches osseuses de Corse et de Sardaigne, un
peu semblable au lagomys alpinus des hautes
montagnes de la Sibérie ; tant il est vrai que ce

(1) Voyez l'excellent ouvrage de M. Buckland, intitulé
Reliquiæ diluvianæ.

n'est pas, à beaucoup près, toujours dans la
zone torride qu'il faut chercher les animaux
semblables à ceux de cette avant-dernière
époque.

Ce sont là les principaux animaux dont on
ait recueilli les restes dans cet amas de terres,
de sables et de limons, dans ce *diluvium* qui
recouvre partout nos grandes plaines, qui remplit nos cavernes, et qui obstrue les fentes de
plusieurs de nos rochers : ils formaient incontestablement la population des continents à
l'époque de la grande catastrophe qui a détruit leurs races, et qui a préparé le sol sur
lequel subsistent les animaux d'aujourd'hui.

Quelque ressemblance qu'offrent certaines
de ces espèces avec celles de nos jours, on ne
peut disconvenir que l'ensemble de cette population n'eût un caractère très-différent, et que
la plupart des races qui la composaient ne
soient anéanties.

Ce qui étonne, c'est que parmi tous ces mammifères, dont la plupart ont aujourd'hui leurs
congénères dans les pays chauds, il n'y ait pas
eu un seul quadrumane, que l'on n'ait pas re-

cueilli un seul os, une seule dent de singe, ne fût-ce que des os ou des dents de singes d'espèces perdues.

Il n'y a non plus aucun homme ; tous les os de notre espèce que l'on a recueillis avec ceux dont nous venons de parler s'y trouvaient accidentellement (1), et leur nombre est d'ailleurs infiniment petit, ce qu'il ne serait sûrement pas si les hommes eussent fait alors des établissements sur les pays qu'habitaient ces animaux.

---

(1) Voyez, dans le *Reliquiæ diluvianæ* de M. Buckland, ce qui concerne le squelette d'une femme, trouvé avec des épingles d'os dans la caverne de Pavyland, et dans mes Recherches, tom. IV, pag. 193, ce qui regarde un fragment de mâchoire trouvé avec les brèches osseuses de Nice.

M. de Schlotheim a recueilli des os humains dans des fentes de Kœstritz, où il y a aussi des os de rhinocéros ; mais lui-même annonce ses doutes sur l'époque où ils y ont été déposés. Quelques os humains de certaines cavernes du Midi, que j'ai eu l'occasion d'examiner, m'ont paru y avoir été déposés après les os de quadrupèdes inconnus.

Où était donc alors le genre humain? Ce dernier et ce plus parfait ouvrage du Créateur existait-il quelque part? Les animaux qui l'accompagnent maintenant sur le globe, et dont il n'y a point de traces parmi ces fossiles, l'entouraient-ils? Les pays où il vivait avec eux ont-ils été engloutis lorsque ceux qu'il habite maintenant, et dans lesquels une grande inondation avait pu détruire cette population antérieure, ont été remis à sec? C'est ce que l'étude des fossiles ne nous dit pas, et dans ce discours nous ne devons pas remonter à d'autres sources.

Ce qui est certain, c'est que nous sommes maintenant au moins au milieu d'une quatrième succession d'animaux terrestres, et qu'après l'âge des reptiles, après celui des palæotheriums, après celui des mammouths, des mastodontes et des megatheriums, est venu l'âge où l'espèce humaine, aidée de quelques animaux domestiques, domine et féconde paisiblement la terre, et que ce n'est que dans les terrains formés depuis cette époque, dans les alluvions, dans les tourbières, dans les concrétions récentes que l'on trouve à l'état fossile des os qui appartiennent tous à des animaux connus et aujourd'hui vivants.

Tels sont les squelettes humains de la Guadeloupe, incrustés dans un travertin avec des coquilles terrestres de l'île et des fragments de coquilles et de madrépores de la mer environnante; les os de bœuf, de cerf, de chevreuil, de castor, communs dans les tourbières, et tous les os d'hommes et d'animaux domestiques enfouis dans les dépôts des rivières, dans les cimetières et sur les anciens champs de bataille.

Aucuns de ces restes n'appartiennent ni au grand dépôt de la dernière catastrophe, ni à ceux des âges précédents.

EXPLICATION DES FIGURES.

PLANCHE I.

Squelette humain incrusté dans un travertin de la Guadeloupe. Il est couché sur le côté droit ; le crâne et le pied gauche sont enlevés :

a. Le zygoma gauche.

b. La mâchoire inférieure du même côté.

c. Portion antérieure de l'omoplate.

d. L'humérus.

e. Portion du cubitus.

f. Portion du radius.

g. g. Quelques-uns des os du poignet et des doigts.

h. Os innominé gauche, mutilé.

i. Fémur.

k. Tibia.

l. Péroné.

m. m. L'épine du dos.

o. o. o. Les côtes.

p. p. p. Coquilles éparses dans la roche.

PLANCHE II.

Différents fossiles qui n'ont pas été gravés dans les Recherches sur les ossements fossiles :

Figures 1 *et* 2. Deux moitiés d'une pierre à plâtre de

Montmartre, contenant une portion d'un squelette de chauve-souris, le premier qui ait été découvert dans ces carrières.

Figure 1. Le côté du dos où l'on voit les restes des omoplates, de la tête, la moitié des humérus et des radius fendus longitudinalement, et une petite portion des clavicules.

Figure 2. Le côté du ventre où l'on voit la mâchoire inférieure, les dents, quelques restes de vertèbres, les clavicules, les humérus et les radius fendus longitudinalement.

Figure 3. Pierre à plâtre de Montmartre, contenant toute la mâchoire supérieure, le palais et les dents bien conservés de l'anoplotherium leporinum, que l'auteur ne possédait pas à l'époque où a paru le troisième tome de ses ossements fossiles.

Ces deux beaux morceaux, représentés de grandeur naturelle, ont été donnés au cabinet du Roi par M. le comte de Bournon.

Figures 4 *et* 5. Un côté de la mâchoire inférieure du mastodonte à dents étroites, trouvé dans les terres de M. le comte de Breuner, et dont il est parlé dans les Recherches sur les ossements fossiles, tome v, deuxième partie, page 498.

Ce morceau est représenté au neuvième de sa grandeur naturelle.

PLANCHE III.

Figure 1. Le beau squelette de plesiosaurus, recueilli par miss Mary Anning, et donné au Muséum d'histoire naturelle par M. Prevost. Il est décrit dans les Recherches sur les ossements fossiles, tome v, deuxième partie, page 475.

Comme la tête et la plus grande partie du cou y manquent, on a ajouté ces parties, figure 2, d'après un autre squelette qui appartient au duc de Buckingham.

APPENDICE

DISCOURS SUR LES RÉVOLUTIONS

DE LA SURFACE DU GLOBE.

DÉTERMINATION DES OISEAUX NOMMÉS IBIS PAR LES ANCIENS ÉGYPTIENS.

Tout le monde a entendu parler de l'ibis, de cet oiseau à qui les anciens Égyptiens rendaient un culte religieux, qu'ils élevaient dans l'enceinte de leurs temples, qu'ils laissaient errer librement dans leurs villes, dont le meurtrier, même involontaire, était puni de mort (1), qu'ils embaumaient avec autant de soin que leurs propres parents; de cet oiseau auquel ils

_____

(1) Hérod., 1, 2.

attribuaient une pureté virginale, un attachement inviolable à leur pays dont il était l'emblême, attachement tel qu'il se laissait mourir
de faim quand on voulait le transporter ailleurs;
de cet oiseau qui avait assez d'instinct pour
connaître le cours et le décours de la lune, et
pour régler en conséquence la quantité de sa
nourriture journalière et le développement de
ses petits; qui arrêtait aux frontières de l'Égypte
les serpents qui auraient porté la destruction
dans cette terre sacrée (1), et qui leur inspirait
tant de frayeur, qu'ils en redoutaient jusqu'aux
plumes (2); de cet oiseau enfin dont les dieux
auraient pris la figure s'ils eussent été forcés
d'en adopter une mortelle, et dans lequel Mer-
cure s'était réellement transformé lorsqu'il voulut parcourir la terre et enseigner aux hommes
les sciences et les arts.

Aucun autre animal n'aurait dû être aussi
facile à reconnaître que celui-là; car il n'en est
aucun autre dont les anciens nous aient laissé

---

(1) Ælian., lib. II, cap. 35 et 38.
(2) *Ibid.*, lib. I, cap. 38.

à la fois, comme de l'ibis, d'excellentes descriptions, des figures exactes et mêmes coloriées, et le corps lui-même soigneusement conservé avec ses plumes, sous la triple enveloppe d'un bitume préservateur, de linges épais et bien serrés, et de vases solides et bien mastiqués.

Et cependant, de tous les auteurs modernes qui ont parlé de l'ibis, il n'y a que le seul Bruce, ce voyageur plus célèbre par son courage que par la justesse de ses notions en histoire naturelle, qui ne se soit pas mépris sur la véritable espèce de cet oiseau, et ses idées à cet égard, quelque exactes qu'elles fussent, n'ont pas même été adoptées par les naturalistes (1).

Après plusieurs changements d'opinion touchant l'ibis, on paraissait s'accorder, au moment où j'ai publié la première édition de cet ouvrage, à donner le nom d'ibis à un oiseau originaire d'Afrique, à peu près de la taille de la cigogne, au plumage blanc, avec les pennes

(1) Bruce, traduction française, in-8°, tom. XIII, pag. 264, et atlas, planche XXXV, sous le nom d'*abouhannès*.

des ailes noires, perché sur de longues jambes
rouges, armé d'un bec long, arqué, tranchant
par ses bords, arrondi à sa base, échancré près
de sa pointe, d'un jaune pâle, et dont la face
est revêtue d'une peau rouge et sans plumes,
qui ne s'étend pas au-delà des yeux.

Tel est l'ibis de Perrault (1), l'ibis blanc de
Brisson (2), l'ibis blanc d'Égypte de Buffon (3),
et le tantalus ibis de Linné, dans sa douzième
édition.

(1) Description d'un ibis blanc et de deux cigognes.
Académie des Sciences de Paris, tome III, planche III,
pag. 61 de l'édition in-4° de 1734, planche XIII, figure 1.
Le bec est représenté tronqué par le bout, mais c'est une
faute du dessinateur.

(2) Numenius sordide albo rufescens, capite anteriore
nudo rubro; lateribus rubro purpureo et carneo colore
maculatis, remigibus majoribus nigris, rectricibus sordide albo rufescentibus, rostro in exortu dilute luteo, in
extremitate aurantio, pedibus griseis...... Ibis candida.
Brisson, Ornithologie, tom. v, pag. 349.

(3) Planches enluminées, numéro 389, Histoire des
Oiseaux, tom. VIII, in-4°, pag. 14, planche 1. Cette
dernière figure est une copie de celle de Perrault, avec la
même faute.

C'était encore à ce même oiseau que M. Blumenbach, tout en avouant qu'il est aujourd'hui très-rare, au moins dans la Basse-Égypte, assurait que les Égyptiens avaient rendu les honneurs divins (1); et cependant M. Blumenbach avait eu occasion d'examiner des ossements de véritable ibis dans une momie qn'il ouvrit à Londres (2).

J'avais partagé l'erreur des hommes célèbres que je viens de nommer jusqu'au moment où je pus examiner par moi-même quelques momies d'ibis.

Ce plaisir me fut procuré, pour la première fois, en 1799, par feu M. de Fourcroy, auquel M. Grobert, colonel d'artillerie, revenant d'Égypte, avait donné deux de ces momies, tirées l'une et l'autre des puits de Saccara. En les développant avec soin, nous aperçûmes que les os de l'oiseau embaumé étaient bien plus petits

---

(1) Handbuch der Naturgeschichte, pag. 203 de l'édition de 1799; mais dans l'édition de 1807 il a rendu le nom d'ibis à l'oiseau auquel il appartient.

(2) Transactions philosophiques pour 1794.

que ceux du tantalus ibis des naturalistes ; qu'ils
ne surpassaient pas beaucoup ceux du courlis ;
que son bec ressemblait à celui de ce dernier,
à la longueur près qui est un peu moindre, à
proportion de la grosseur, et point du tout à
celui du tantalus ; enfin, que son plumage était
blanc, avec les pennes des ailes marquées de
noir, comme l'ont dit les anciens.

Nous nous convainquîmes donc que l'oiseau
que les anciens Égyptiens embaumaient n'était
point du tout le tantalus ibis des naturalistes ;
qu'il était plus petit, et qu'il fallait le chercher
dans le genre des courlis.

Nous vîmes, après quelques recherches, que
les momies d'ibis, ouvertes avant nous par différents naturalistes, étaient semblables aux nôtres. Buffon dit expressément qu'il en a examiné
plusieurs ; que les oiseaux qu'elles contenaient
avaient le bec et la taille des courlis ; et cependant il a suivi aveuglément Perrault, en prenant le tantalus d'Afrique pour l'ibis.

Une de ces momies, ouvertes par Buffon,
existe encore au Muséum ; elle est semblable à
celles que nous avons vues.

Le docteur Shaw, dans le supplément de son Voyage (édition anglaise in-folio, Oxford, 1746, planche v et page 64 à 66) décrit et figure avec soin les os d'une pareille momie. Le bec, dit-il, était long de six pouces anglais, semblable à celui du courlis, etc. En un mot, sa description s'accorde entièrement avec la nôtre.

Caylus (Recueil d'Antiquités, tome vi, planche xi, figure 1) représente une momie d'ibis dont la hauteur, avec ses bandelettes, n'est que d'un pied sept pouces quatre lignes, quoiqu'il dise expressément que l'oiseau y était posé sur ses pieds, la tête droite, et qu'il n'a eu dans son embaumement aucune partie repliée.

Hasselquist, qui a pris pour l'ibis un petit héron blanc et noir, donne comme sa principale raison que la taille de cet oiseau, qui est celle d'une corneille, correspond très-bien à la grandeur des momies d'ibis (1). Comment donc Linné put-il donner le nom d'ibis à un oiseau

(1) Hasselquist Iter palestinum, pag. 249. Magnitudo

grand comme une cigogne? Comment surtout put-il regarder cet oiseau comme le même que l'*ardea ibis* d'Hasselquist, qui, outre sa petitesse, avait le bec droit? Et comment cette dernière erreur de synonymie a-t-elle pu se conserver jusqu'à ce jour dans le *Systema naturæ* ?

Peu de temps après cet examen fait chez M. dé Fourcroy, M. Olivier eut la complaisance de nous faire voir des os qu'il avait retirés de deux momies d'ibis, et d'en ouvrir avec nous deux autres ; les os s'y trouvèrent semblables à ceux des momies du colonel Grobert ; une des quatre seulement était plus petite ; mais il était facile de juger par les épiphyses qu'elle provenait d'un jeune individu.

La seule figure de bec d'ibis embaumé qui ne s'accordait pas entièrement avec les objets que nous avions sous les yeux, était celle d'Edwards (planche cv) : elle est d'un neuvième

---

gallinæ, seu cornicis ; et pag. 250, vasa quæ in sepulcris inveniuntur, cum avibus conditis, hujus sunt magnitudinis.

plus grande, et cependant nous ne doutons pas
de sa fidélité ; car M. Olivier nous montra aussi
un bec d'un huitième ou d'un neuvième plus
long que les autres, comme 180 à 165, également
ment retiré d'une momie. (Voyez planche VI,
figure 2.) Ce bec montre seulement qu'il y avait
parmi les ibis des individus plus grands que
les autres ; mais il ne prouve rien en faveur du
tantalus, car il n'a point du tout la forme du
bec de celui-ci ; il ressemble entièrement au
bec d'un courlis ; et d'ailleurs le bec du tantalus surpasse d'un tiers celui de nos plus grands
ibis embaumés, et de deux cinquièmes celui
des plus petits.

Nous nous sommes assurés de plus qu'il y a
des variations semblables pour la grandeur du
bec dans nos courlis d'Europe, selon l'âge et le
sexe : elles sont encore plus fortes dans le courlis vert d'Italie et dans nos barges, et il paraît
que c'est une propriété commune à la plupart
des espèces de la famille des bécasses, que de
varier pour la longueur proportionnelle du bec.

Enfin nos naturalistes revinrent de l'expédition d'Égypte avec une riche moisson d'objets

tant anciens que récents. Mon savant ami,
M. Geoffroy-Saint-Hilaire, s'était en particulier occupé avec le plus grand soin de recueillir
les momies de toutes les espèces, et en avait
rapporté un grand nombre de celles d'ibis, tant
de Saccara que de Thèbes.

Les premières étaient dans le même état que
celles qu'avait rapportées M. Grobert, c'est-à-
dire que leurs os avaient éprouvé une sorte de
demi-combustion, et manquaient de consistance; ils se brisaient au moindre contact, et
il était très-difficile d'en obtenir d'entiers, encore plus de les rattacher pour en faire un squelette.

Les os de celles de Thèbes étaient beaucoup
mieux conservés, soit à cause de la plus grande
chaleur du climat, soit à cause des soins plus
efficaces employés à leur préparation ; et
M. Geoffroy en ayant sacrifié quelques-unes,
M. Rousseau, mon aide, parvint, à force de
patience, d'adresse, et de procédés ingénieux
et délicats, à en refaire un squelette entier, en
dépouillant tous les os, et en les rattachant avec
du fil d'archal très-fin. Ce squelette est déposé

dans les galeries anatomiques du Muséum dont il fait l'un des plus beaux ornements, et nous en donnons la figure planche IV.

On voit que cette momie a dû venir d'un oiseau tenu en domesticité dans les temples, car son humérus gauche a été cassé et resoudé. Il est probable qu'un oiseau sauvage dont l'aile se serait cassée eût péri avant de guérir, faute de pouvoir poursuivre sa proie, ou de pouvoir échapper à ses ennemis.

Ce squelette nous mit en état de déterminer, sans aucune équivoque, les caractères et les proportions de l'oiseau; nous vîmes clairement que c'était dans tous les points un véritable courlis, un peu plus grand que celui d'Europe, mais dont le bec était plus gros et plus court. Voici une table comparative des dimensions de ces deux oiseaux, prise, pour l'ibis, du squelette de la momie de Thèbes, et pour le courlis, d'un squelette qui existait auparavant dans nos galeries anatomiques. Nous y avons joint celles des parties des ibis de Saccara que nous avons pu obtenir entières.

PARTIES.	SQUELETTE d'ibis de Thèbes.	SQUELETTE de courlis.	IBIS DE SACCARA.	
			Le plus grand.	Le plus petit.
Tète et bec ensemble.	0,210	0,215	——	——
Tète seule.	0,047	0,040	——	——
Les quatorze vertèbres du cou ensemble.	0,192	0,150	——	——
Le dos.	0,080	0,056	——	——
Le sacrum.	0,087	0,070	——	——
Le coccyx.	0,037	0,035	——	——
Le fémur.	0,078	0,060	——	——
Le tibia.	0,150	0,112	——	0,095
Le tarse.	0,102	0,090	——	——
Le doigt du milieu..	0,097	0,070	——	——
Le sternum.	0,092	0,099	——	——
La clavicule.	0,055	0,041	——	0,04
L'humérus.	0,133	0,106	0,124	——
L'avant-bras.	0,153	0,117	0,144	0,114
La main.	0,125	0,103	——	——

On voit par cette table que l'animal de Thèbes était plus grand que notre courlis; que l'un des ibis de Saccara tenait le milieu entre celui de Thèbes et notre courlis, et que l'autre était plus petit que ce dernier. On y voit aussi que les différentes parties du corps de l'ibis n'observent point entre elles les mêmes proportions que celles du courlis. Le bec du premier, par exemple, est notablement plus court, quoique toutes les autres parties soient plus longues, etc.

Cependant ces différences de proportions ne vont point au-delà de ce qui peut distinguer des espèces d'un même genre : les formes et les caractères, que l'on peut considérer comme génériques, sont absolument les mêmes.

Il fallait donc chercher le véritable ibis, non plus parmi ces tantalus à haute taille et à bec tranchant, mais parmi les courlis; et notez que par le nom de *courlis* nous entendons, non pas ce genre artificiel formé par Latham et Gmelin, de tous les échassiers à bec courbé en en bas et à tête nue, que leur bec soit arrondi ou tranchant, mais bien un genre naturel que nous appellerons *numenius*, et qui comprendra tous les échassiers à becs courbés en en bas, mousses et arrondis, que leur tête soit nue ou revêtue de plumes. C'est le genre *courlis* tel que l'a conçu Buffon (1).

Un coup d'œil sur la collection des oiseaux du cabinet du Roi nous fit reconnaître une espèce qui n'était encore ni nommée ni décrite dans les auteurs systématiques, excepté peut-être M. Latham, et qui, examinée avec soin, se trouva satisfaire à tout ce que les anciens, les monuments et les momies nous indiquent comme caractères de l'ibis.

Nous en donnons ici la figure, planche v; c'est un oiseau un peu plus grand que le courlis; son bec est arqué comme celui du courlis, mais un peu plus court et sensiblement plus gros à proportion, un peu comprimé à sa base, et marqué de chaque côté d'un sillon qui, partant de la narine, règne jusqu'à l'extrémité, tandis que dans le courlis un sillon semblable

---

(1) Nous avons établi définitivement ce genre dans notre Règne animal, tom. 1, pag. 483, et il paraît avoir été adopté par les naturalistes.

s'efface avant d'être arrivé au milieu de la longueur; la couleur de ce bec est plus ou moins
noire; la tête et les deux tiers supérieurs du
cou sont entièrement dénués de plumes, et la
peau en est noire. Le plumage du corps, des
ailes et de la queue est blanc, à l'exception des
bouts des grandes pennes de l'aile qui sont
noires; les quatre dernières pennes secondaires
ont les barbes singulièrement longues, effilées,
et retombent par-dessus les bouts des ailes lorsque celles-ci sont pliées; leur couleur est un
beau noir avec des reflets violets. Les pieds
sont noirs, les jambes sont plus grosses et les
doigts notablement plus longs à proportion que
ceux du courlis; les membranes entre les bases
des doigts sont aussi plus étendues; la jambe
est entièrement couverte de petites écailles po-
lygones, ou ce que l'on appelle réticulées, et
la base des doigts même n'a que des écailles
semblables, tandis que dans le courlis les deux
tiers de la jambe et toute la longueur des doigts
sont scutulés, c'est-à-dire garnis d'écailles
transversales. Il y a une teinte roussâtre sous
l'aile, vers la racine de la cuisse, et aux gran-

des couvertures antérieures; mais cette teinte
paraît être un caractère individuel ou le résultat d'un accident, car elle ne reparaît point sur
d'autres individus d'ailleurs entièrement semblables.

Ce premier individu venait de la collection
du Stadhouder, et on ignorait son pays natal.
Feu M. Desmoulins, aide-naturaliste au Muséum, qui en avait vu deux autres, assurait qu'ils
venaient du Sénégal : l'un d'eux doit même
avoir été rapporté par M. Geoffroy de Ville-
neuve; mais nous verrons plus bas que Bruce (1) a trouvé cette espèce en Éthiopie, où
elle se nomme *abou-hannès* (père Jean), et que
M. Savigny l'a vue en abondance dans la Basse-
Égypte, où on l'appelle *abou-mengel* (père de
la faucille). Il est probable que les modernes ne
prendront pas au pied de la lettre l'assertion
des anciens, que l'ibis ne quittait jamais ce pays
sans périr (2).

_____

(1) Bruce, loc. cit.; et Savigny, Mémoire sur l'ibis,
pag. 12.
(2) Ælian., lib. 11, cap. 38.

Cette assertion serait d'ailleurs aussi contraire au tantalus ibis qu'à notre courlis; car
les individus qu'on en a en Europe viennent
du Sénégal. C'est de là que M. Geoffroy de Vil-
leneuve a rapporté celui du Muséum d'histoire
naturelle; il est même beaucoup plus rare en
Égypte que notre courlis, puisque depuis Perrault personne ne dit l'y avoir vu ou l'en avoir
reçu.

Un individu sans teinte fauve, mais d'ailleurs
entièrement pareil au premier, a été rapporté
par M. de Labillardière de son voyage dans
l'Australasie, fait avec M. d'Entrecasteaux.

Nous avons appris ensuite que dans la jeunesse
ces sortes de numénius ont la tête et le cou garnis de plumes dans la partie qui doit devenir
nue avec l'âge, et que les scapulaires y sont
moins effilées et d'un noir plus pâle et plus
terne. C'est dans cet état qu'il nous en a été
rapporté un de l'Australasie par feu Péron, qui
ne diffère d'ailleurs du nôtre et de celui de
M. Labillardière que par quelques traits noirs
aux plumes bâtardes et aux premières grandes
couvertures, et où toute la tête et le haut du

cou sont garnis de pennes noirâtres. C'est aussi
un individu d'âge peu avancé que M. Savigny
a rapporté d'Égypte et représenté planche 1 de
son Mémoire sur l'ibis, et dans le grand ouvrage sur l'Égypte, oiseaux, planche vii. Les
plumes de la tête et du derrière du cou y sont
plutôt grises que noires; celles du devant du
cou sont blanches. Enfin la figure de Bruce
(atlas, pl. xxxv) est également faite sur un
jeune individu observé en Abyssinie, et à peu
près pareil à celui de M. Savigny.

Nous en avons reçu de Pondichéry par M. Les-
chenault un individu semblable à celui de Péron, mais où la tête seulement et un peu de
la nuque sont garnis de plumes noirâtres; tout
le reste est couvert de plumes blanches : mais
il n'en est pas moins certain que tous ces oiseaux
ont la tête et le cou nus quand ils sont adultes.

Feu Macé a envoyé du Bengale au Muséum
plusieurs individus d'une espèce très-voisine
de celle-ci, qui a le bec un peu plus long et
moins arqué, dont la première penne seulement a un peu de noir aux deux bords de sa
pointe, et dont les pennes secondaires sont

aussi un peu effilées et légèrement teintes de noirâtre.

Il paraît, d'après M. Savigny, page 25, que M. Levaillant en a observé encore une qui a de même les pennes secondaires effilées, mais dont le cou garde toujours ses plumes, et dont la face est de couleur rouge.

Le même Macé nous a aussi adressé un tantalus très-semblable à celui que les naturalistes ont regardé comme l'ibis, mais dont les petites couvertures des ailes et une large bande au bas de la poitrine sont noires et maillées de blanc. Les dernières pennes secondaires sont allongées et teintes de rose. On sait que, dans le tantalus ibis des naturalistes, les petites couvertures des ailes sont maillées de lilas, et que le dessous du corps est tout blanc.

Nous donnons ici une table des parties de quelques-uns de ces oiseaux qu'on peut mesurer exactement dans des individus empaillés : qu'on les compare avec celles des squelettes d'ibis momifiés, et l'on jugera s'il était possible de croire un seul instant que ces momies vinssent des tantalus.

PARTIES du corps.	TANTALUS IBIS des naturalistes.	TANTALUS de l'Inde de Macé.	NUMENIUS IBIS; selon nous le véritable ibis des anciens.	NUMENIUS IBIS, mesuré par M. Savigny.	NUMENIUS de Macé.	NUMENIUS de Labillardière.	NUMENIUS de Péron.	NUMENIUS de Leschenault.
Longueur du bec à sa commissure à sa pointe. . . .	0,210	0,265	0,125	0,154	0,148	0,165	0,131	0,132
Longueur de la partie nue de la jambe.	0,130	0,150	0,041	0,056	0,055	0,040	0,034	0,044
Longueur du tarse.	0,190	0,250	0,085	0,097	0,095	0,084	0,080	0,093
Longueur du doigt du milieu. .	0,105	0,115	0,080	0,092	0,088	0,086	0,078	0,086

Maintenant parcourons les livres des anciens
et leurs monuments ; comparons ce qu'ils ont
dit de l'ibis, ou les images qu'ils en ont tracées,
avec l'oiseau que nous venons de décrire, nous
verrons toutes les difficultés s'évanouir et tous
les témoignages s'accorder avec le meilleur de
tous, qui est le corps même de l'oiseau conservé dans la momie.

« Les ibis les plus communs, dit Hérodote
« (Euterpe, n° 76), ont la tête et le devant du
« cou nus, le plumage blanc, excepté sur la
« tête, sur la nuque, aux bouts des ailes et du
« croupion, qui sont noirs (1). Leur bec et leurs
« pieds ressemblent à ceux des autres ibis.» Et
il avait dit de ceux-ci : « Ils sont de la taille du
« crex, de couleur entièrement noire, et ont
« les pieds semblables à ceux de la grue, et le
« bec crochu. »

---

(1) Ψιλὴ τὴν κεφαλὴν, καὶ τὴν δειρὴν πᾶσαν. Λευκὴ πτεροῖσι,
πλὴν κεφαλῆς, καὶ αὐχένος καὶ ἄκρων τῶν πτερύγων, καὶ πυγαίου
ἄκρου. Feu Larcher, Hérodote, traduction française,
tom. II, pag. 327, a bien fait sentir la différence de ces
mots, αὐχὴν, la nuque, et δειρὴ ou δέρη, la gorge.

Combien de voyageurs ne font pas aujour-
d'hui de si bonnes descriptions des oiseaux
qu'ils observent que celle qu'Hérodote avait
faite de l'ibis !

Comment a-t-on pu appliquer cette description à un oiseau qui n'a de nu que la face, et
qui l'a rouge, à un oiseau qui a le croupion
blanc et non recouvert au moins comme le nôtre par les plumes noires des ailes ?

Cependant ce dernier caractère était essentiel
à l'ibis. Plutarque dit (de Iside et Osiride) qu'on
trouvait dans la manière dont le blanc était
tranché avec le noir dans le plumage de cet
oiseau, une figure du croissant de la lune. C'est
en effet par la réunion du noir des dernières
plumes des ailes avec celui des deux bouts d'ailes que se forme, dans le blanc, une grande
échancrure demi-circulaire qui donne à ce
blanc la figure d'un croissant.

Il est plus difficile d'expliquer ce qu'il a
voulu dire en avançant que les pieds de l'ibis
forment avec son bec un triangle équilatéral.
Mais on conçoit l'assertion d'Élien, que lorsqu'il retire sa tête et son cou dans ses plumes,

il représente un peu la figure d'un cœur (1). Il était à cause de cela l'emblème du cœur humain, selon Horus Apollo, c. 35.

D'après ce qu'Hérodote dit de la nudité de la gorge, et des plumes qui couvraient le dessus du cou, il paraît avoir eu sous les yeux un individu d'âge moyen; mais il n'en est pas moins certain que les Égyptiens connaissaient aussi très-bien les individus à cou entièrement nu. On en voit de tels représentés d'après des sculptures en bronze dans le recueil d'antiquités égyptiennes de Caylus (tome I, planche X, n° 4, et tome v, planche XI, n° 1). Cette dernière figure est même tellement semblable à notre oiseau de la planche v, que l'on dirait qu'elle a été faite d'après lui.

Les peintures d'Herculanum ne laissent non plus aucune espèce de doute; les tableaux n°⁵ 138 et 140 de l'édition de David, et tome II, page 515, n° 59, et page 521, n° 60, de l'édition originale, qui représentent des cérémonies

_____

(1) Ælian., lib. x, cap. 29.

égyptiennes, montrent plusieurs ibis marchant sur le parvis des temples ; ils sont parfaitement semblables à l'oiseau que nous avons indiqué : on y reconnaît surtout la noirceur caractéristique de la tête et du cou, et on voit aisément par la proportion de leur figure avec les personnages du tableau, que ce devait être un oiseau d'un demi-mètre tout au plus, et non pas d'un mètre ou à peu près comme le tantalus ibis.

La mosaïque de Palestrine présente aussi dans sa partie moyenne plusieurs ibis perchés sur des bâtiments ; ils ne diffèrent en rien de ceux des peintures d'Herculanum.

Une sardoine du cabinet de D. Mead, copiée par Shaw, app. tab. v, et représentant un ibis, semble être une miniature de l'oiseau que nous décrivons.

Une médaille d'Adrien, en grand bronze, représentée dans le Muséum de Farnèse, tome vi, planche xxviii, figure 6, et une autre du même empereur, en argent, représentée tome iii, planche vi, figure 9, nous donnent des figures de l'ibis qui, malgré leur petitesse, ressemblent assez à notre oiseau.

Quant aux figures d'ibis sculptées sur la plinthe de la statue du Nil, au Belvédère, et sur sa copie au jardin des Tuileries, elles ne sont pas assez terminées pour servir de preuves; mais parmi les hiéroglyphes dont l'institut d'Égypte a fait prendre des empreintes sur les lieux, il en est plusieurs qui représentent notre oiseau sans équivoque. Nous donnons (planche III, figure 1) une de ces empreintes que M. Geoffroy a bien voulu nous communiquer.

Nous insistons particulièrement sur cette dernière figure, attendu que c'est la plus authentique de toutes, ayant été faite dans le temps et sur les lieux où l'ibis était adoré, et étant contemporaine de ses momies; tandis que celles que nous avons citées auparavant, faites en Italie et par des artistes qui ne professaient point le culte égyptien, pouvaient être moins fidèles (1).

Nous devons à Bruce la justice de dire qu'il

---

(1) Tout nouvellement M. Champollion nous a fait voir une figure qu'il vient de copier en Égypte, et qui représente notre oiseau sans équivoque et dans tous ses détails.

avait reconnu l'oiseau qu'il décrit sous le nom
d'*abou hannès* pour le véritable ibis. Il dit expressément que cet oiseau lui a paru ressembler
à celui que contiennent les cruches de momies;
il dit de plus que cet abou hannès ou *père-*
jean est très-commun sur les bords du Nil,
tandis qu'il n'y a jamais vu l'oiseau représenté
par Buffon sous le nom d'ibis blanc d'Égypte.

M. Savigny, l'un des naturalistes de l'expédition d'Égypte, assure également n'avoir point
trouvé le *tantalus* dans ce pays; mais il a pris
beaucoup de nos *numenius* près du lac Menzalé
dans la Basse-Égypte, et il en a rapporté la dépouille avec lui.

L'abou hannès a été placé par M. Latham,
dans son *Index ornithologicus*, sous le nom de
tantalus æthiopicus; mais il ne parle point de la
conjecture de Bruce sur son identité avec l'ibis.

Les voyageurs antérieurs et postérieurs à
Bruce paraissent avoir tous été dans l'erreur.

Belon a cru que l'ibis blanc était la cigogne,
en quoi il contredisait évidemment tous les témoignages; aussi personne n'a-t-il été de son
avis en ce point, excepté les apothicaires, qui

ont pris la cigogne pour emblême, parce qu'ils l'ont confonduë avec l'ibis, auquel on attribue l'invention des clystères (1).

Prosper Alpin, qui rappelle que cette invention est due à l'ibis, ne donne aucune description de cet oiseau dans sa médecine des Égyptiens (2). Dans son Histoire naturelle d'Égypte, il n'en parle que d'après Hérodote, aux termes duquel il ajoute seulement, sans doute d'après un passage de Strabon que je rapporterai plus bas, que cet oiseau ressemble à la cigogne par la taille et par la figure. Il dit avoir appris qu'il s'en trouvait en abondance de blancs et de noirs sur les bords du Nil; mais il est clair, par ses expressions mêmes, qu'il ne croyait pas en avoir vu (3).

Shaw dit de l'ibis (4) qu'il est aujourd'hui

(1) Ælian., lib. II, cap. 35; Plut., de solert. an.; Cic., de nat. deor., lib. II; Phile, de anim. prop., 16, etc.

(2) De Med. Ægypt., lib. 1, fol. 1, vers. Edition de Paris, 1646.

(3) Rer. Ægypt., lib. IV, cap. 1, tom. 1, pag. 199 de l'édition de Leyde, 1735.

(4) Voyez la traduction française, tem. II, pag. 167.

excessivement rare, et qu'il n'en a jamais vu.
Son *emseesy* ou oiseau de bœuf, que Gmelin
rapporte très-mal à propos au tantalus ibis, a
la grandeur du courlis, le corps blanc, le bec
et les pieds rouges. Il se tient dans les prairies
auprès du bétail : sa chair n'est pas de bon
goût, et se corrompt d'abord (1). Il est facile
de voir que ce n'est pas là le tantalus, et encore moins l'ibis des anciens.

Hasselquist n'a connu ni l'ibis blanc, ni l'ibis
noir ; son *ardea ibis* est un petit héron qui a
le bec droit. Linné avait très-bien fait de le
placer, dans sa dixième édition, parmi les hé-
rons ; mais il a eu tort, comme je l'ai dit, de le
transporter depuis comme synonyme au genre
tantalus.

Demaillet (Description de l'Égypte, partie II,
pag. 25) conjecture que l'ibis pourrait être l'oiseau particulier à l'Égypte, et qu'on y nomme
chapon de Pharaon, et à Alep *saphan-bacha*.
Il dévore les serpents. Il y en a de blancs et

_____

(1) Voyez Shaw, traduct. franç., tom. 1, pag. 330.

de blancs et noirs ; et il suit, pendant plus de
cent lieues, les caravanes qui vont du Caire à
la Mecque, pour se repaître des carcasses des
animaux qu'on tue pendant le voyage, tandis
que dans toute autre saison on n'en voit aucun
sur cette route. Mais l'auteur ne regarde point
cette conjecture comme certaine ; il dit même
qu'il faut renoncer à entendre les anciens lorsqu'ils ont parlé de manière à ne vouloir pas être
entendus. Il finit par conclure que les anciens
ont peut-être compris indistinctement sous le
nom d'ibis tous les oiseaux qui rendaient à
l'Égypte le service de la purger des dangereux
reptiles que ce climat produit en abondance,
tels que le vautour, le faucon, la cigogne, l'é-
pervier, etc.

Il avait raison de ne point regarder son chapon de Pharaon comme l'ibis ; car, quoique sa
description soit très-imparfaite, et que Buffon
ait cru y reconnaître l'ibis, il est aisé de juger,
ainsi que par ce qu'en dit Pokocke, que cet
oiseau doit être un carnivore ; et en effet, on
voit par la figure de Bruce (tom. v, pag. 191
de l'édition française) que la poule de Pharaon

n'est autre chose que le rachama ou le petit vautour blanc à ailes noires (*vultur percnopterus Linn.*), oiseau très-différent de celui que nous avons prouvé plus haut être l'ibis.

Pokocke dit qu'il paraît, par les descriptions qu'on donne de l'ibis, et par les figures qu'il en a vues dans les temples de la Haute-Égypte, que c'était une espèce de grue. J'ai vu, ajoute-t-il, quantité de ces oiseaux dans les îles du Nil; ils étaient la plupart grisâtres. (Traduction française, édition in-12, tom. II, pag. 153.) Ce peu de mots suffit pour prouver qu'il n'a pas connu l'ibis mieux que les autres.

Les érudits n'ont pas été plus heureux dans leurs conjectures que les voyageurs. Middleton rapporte à l'ibis une figure de bronze d'un oiseau dont le bec est arqué, mais court, le cou très-long et la tête garnie d'une petite huppe, figure qui n'eut jamais aucune ressemblance avec l'oiseau des Égyptiens (*antiq. monum.*, tab. x, pag. 129). Cette figure n'est d'ailleurs point du tout dans le style égyptien, et Middleton lui-même convient qu'elle doit avoir été faite à Rome. Saumaise sur Solin ne dit rien qui se rapporte à la question actuelle.

Quant à l'ibis noir qu'Aristote place seulement auprès de Péluse (1), on a cru long-
temps que Belon seul l'avait vu (2). L'oiseau
qu'il décrit sous ce nom est une espèce de
courlis à laquelle il attribue une tête semblable
à celle du cormoran, c'est-à-dire apparemment
chauve, un bec et des pieds rouges (3); mais
comme il ne parle point de l'ibis dans son
voyage (4), je soupçonne qu'il n'a fait ce rap-
prochement qu'en France, et par comparaison
avec des momies d'ibis. Ce qu'il y a de certain, c'est que l'on ne connaît pas en Égypte
ce courlis à bec et pieds rouges (5), mais qu'on
y voit très-communément notre courlis vert
d'Europe (*scol. falcinellus*, Linn., enl. 819),

---

(1) Hist. anim., lib. IX, cap. 27, et lib. x, cap. 30.

(2) Buffon. Histoire naturelle des oiseaux, in-4°,
tom. VIII, pag. 17.

(3) Belon. Nature des oiseaux, pages 199 et 200; et
Portraits d'oiseaux, folio 44, vers.

(4) Observations de plusieurs singularités, etc.

(5) Savigny. Mémoire sur l'ibis, pag. 37.

qu'il y est même plus abondant que le numenius blanc (1); et comme il lui ressemble pour
les formes et pour la taille, et que de loin son
plumage peut paraître noir, on ne peut guère
douter que ce ne soit là le véritable ibis noir
des anciens. M. Savigny l'a aussi fait peindre
en Égypte (2), mais d'après un jeune individu
seulement. La figure de Buffon est faite d'a-
près l'adulte; mais les couleurs en sont trop
claires.

L'erreur qui règne à présent touchant l'ibis
blanc a commencé par Perrault, qui même a
le premier, parmi les naturalistes, fait connaître le tantalus ibis d'aujourd'hui. Cette erreur, adoptée par Brisson et par Buffon, a
passé dans la douzième édition de Linné, où
elle s'est mêlée à celle d'Hasselquist, qui avait
été insérée dans la dixième pour former avec
elle un composé tout-à-fait monstrueux.

Elle était fondée sur l'idée que l'ibis était

___

(1) Savigny. Mémoire sur l'ibis, pag. 37.
(2) Voyez le grand ouvrage sur l'Égypte, Histoire naturelle des oiseaux, planche VII, figure 2.

essentiellement un oiseau ennemi des serpents, et sur cette conclusion bien naturelle, qu'il fallait pour dévorer les serpents un bec tranchant et plus ou moins analogue à celui de la cigogne et du héron : cette idée est même la seule bonne objection qu'on puisse faire contre l'identité de notre oiseau avec l'ibis. Comment, dira-t-on, un oiseau à bec faible, un courlis, pouvait-il dévorer ces reptiles dangereux ?

On pouvait répondre que des preuves positives, telles que des descriptions, des figures et des momies, doivent toujours l'emporter sur des récits d'habitudes trop souvent imaginés sans autre motif que de justifier les différents cultes rendus aux animaux ; on pouvait ajouter que les serpents dont les ibis délivraient l'Égypte nous sont représentés comme très-venimeux, mais non pas comme très-grands. Je croyais même avoir obtenu une preuve directe que les oiseaux momifiés qui avaient un bec absolument semblable à celui de notre oiseau, étaient de vrais mangeurs de serpents ; car j'avais trouvé dans une de leurs momies des débris non encore digérés de peau et d'écailles de serpents que je conserve dans nos galeries anatomiques.

Mais aujourd'hui, M. Savigny, qui a observé vivant, et plus d'une fois disséqué notre numenius blanc, l'oiseau que tout prouve avoir été l'ibis, assure qu'il ne mange que des vers, des coquillages d'eau douce et d'autres petits animaux de cette sorte. En supposant que ce fait n'ait pas d'exception, tout ce que l'on peut en conclure, c'est que les Égyptiens, comme cela est arrivé plus d'une fois à eux et à d'autres, avaient inventé pour un culte absurde une raison fausse.

Il est vrai qu'Hérodote dit avoir vu dans un lieu des bords du désert (1), près de Buto, une gorge étroite où étaient amoncelés une infinité d'os et d'arêtes, qu'on lui assura être les restes des serpents ailés qui cherchent à pénétrer en Égypte au commencement du prin-

---

(1) Euterpe, cap. LXXV. Hérodote dit *un lieu d'Arabie;* mais on ne voit pas comment un lieu d'Arabie aurait pu être *près de la ville de Buto,* qui était dans la partie occidentale du Delta.

temps, et que les ibis arrêtent au passage ; mais il ne nous dit pas avoir été témoin de leurs combats, ni avoir vu de ces serpents ailés dans leur état d'intégrité. Tout son témoignage se réduit donc à avoir observé un amas d'ossements, qui peuvent très-bien avoir été ceux de cette multitude de reptiles et d'autres animaux, que l'inondation fait périr chaque année, dont elle doit naturellement transporter les cadavres jusqu'aux endroits où elle s'arrête, jusqu'aux bords du désert, et qui doivent s'accumuler de préférence dans une gorge étroite.

Cependant c'est également d'après cette idée des combats de l'ibis contre les serpents que Cicéron donne à cet oiseau un bec corné et fort (1). N'ayant jamais été en Égypte, il se figurait que cela devait être ainsi, par simple analogie.

Je sais que Strabon dit quelque part que l'ibis ressemble à la cigogne par la forme et par la

---

(1) Avis excelsa, cruribus rigidis, corneo proceroque rostro. Cic., de Nat. deor., lib. 1.

grandeur (1), et que cet auteur devait bien le connaître, puisqu'il assure que de son temps les rues et les carrefours d'Alexandrie en étaient tellement remplis, qu'il en résultait une grande incommodité ; mais il en aura parlé de mémoire. Son témoignage ne peut être recevable lorsqu'il contrarie tous les autres, et surtout lorsque l'oiseau lui-même est là pour le démentir.

C'est ainsi que je ne m'inquièterai guère non plus du passage où Élien rapporte (2), d'après les embaumeurs égyptiens, que les intestins de l'ibis ont quatre-vingt-seize coudées de longueur. Les prêtres égyptiens de toutes les classes ont dit tant d'extravagances sur l'histoire naturelle, qu'on ne peut pas faire grand cas de ce que rapportait l'une de leurs classes les plus inférieures.

On pourrait encore me faire une objection tirée des longues plumes effilées et noires qui recouvrent le croupion de notre oiseau, et dont

---

(1) Strab., lib. xvii.
(2) Ælian., anim., lib. x, cap. 29.

on voit aussi quelques traces dans la figure de l'abou hannès de Bruce.

Les anciens, dira-t-on, n'en parlent point dans leurs descriptions, et leurs figures ne les expriment pas; mais j'ai beaucoup mieux à cet égard qu'un témoignage écrit ou qu'une image tracée. J'ai trouvé précisément les mêmes plumes dans l'une des momies de Saccara; je les conserve précieusement comme étant à la fois un monument singulier d'antiquité et une preuve péremptoire de l'identité d'espèce. Ces plumes ayant une forme peu commune, et ne se trouvant, je crois, dans aucun autre courlis, ne laissent en effet aucune espèce de doute sur l'exactitude de mon opinion. Tout nouvellement enfin M. Champollion vient de rapporter un dessin où elles sont parfaitement rendues.

Je termine ce mémoire par l'exposé de ses résultats.

1° Le tantalus ibis de Linné doit rester en un genre séparé avec le *tantalus loculator*. Leur caractère sera *rostrum læve, validum, arcuatum, apice utrinque emarginatum.*

2° Les autres tantalus des dernières éditions

doivent former un genre avec les courlis ordi-
naires : on peut leur donner le nom de *nume-*
nius. Le caractère du genre sera *rostrum teres,*
gracile, arcuatum, apice mutico; pour le caractère spécial du sous-genre des ibis, il faudra ajouter *sulco laterali per totam longitudi-*
nem exarato.

3° L'ibis blanc des anciens n'est point l'ibis
de Perrault et de Buffon, qui est un *tantalus,*
ni l'ibis d'Hasselquist, qui est un *ardea,* ni
l'ibis de Maillet, qui est un *vautour;* mais c'est
un oiseau du genre numenius, ou courlis, du
sous-genre ibis, qui n'avait été décrit et figuré
avant moi que par Bruce, sous le nom d'*abou*
hannès. Je le nomme NUMENIUS IBIS, *albus, ca-*
pite et collo adulti nudis, remigum apicibus,
rostro et pedibus nigris, remigibus secundariis
elongatis nigro-violaceis.

4° L'ibis noir des anciens est probablement
l'oiseau que nous connaissons en Europe sous
le nom de *courlis vert,* ou le *scolopax falci-*
nellus de Linné : il appartient aussi au genre
des courlis et au sous-genre des ibis.

5° Le *tantalus ibis* de Linné, dans l'état actuel de la synonymie, comprend quatre espèces de trois genres différents, savoir :

1° Un tantalus, l'ibis de Perrault et de Buffon;

2° Un ardea, l'ibis d'Hasselquist;

3° et 4° Deux numenius, l'ibis de Belon et l'ox-bird de Shaw.

Qu'on juge par cet exemple, et par tant d'autres, de l'état où se trouve encore cet ouvrage du *Systema naturæ*, qu'il serait si important de purger par degrés des erreurs dont il fourmille, et qu'on semble en surcharger toujours davantage, en entassant sans choix et sans critique les espèces, les caractères et les synonymes.

La conclusion générale de tout ce travail est que l'ibis existe encore en Égypte comme au temps des Pharaons, et que c'est par la faute des naturalistes que l'on a pu croire pendant quelque temps que l'espèce en était perdue ou altérée dans ses formes (1).

_____

(1) *N. B.* On ne doit point oublier que cette dissertation, lue à l'Institut le 1er mai 1800, est antérieure à tout ce qui a été écrit à ce sujet par les membres de l'expédition d'Égypte. Dans les éditions suivantes, j'y ai ajouté quelques faits tirés du Mémoire de M. Savigny.

TABLE.

FIN DE LA TABLE.

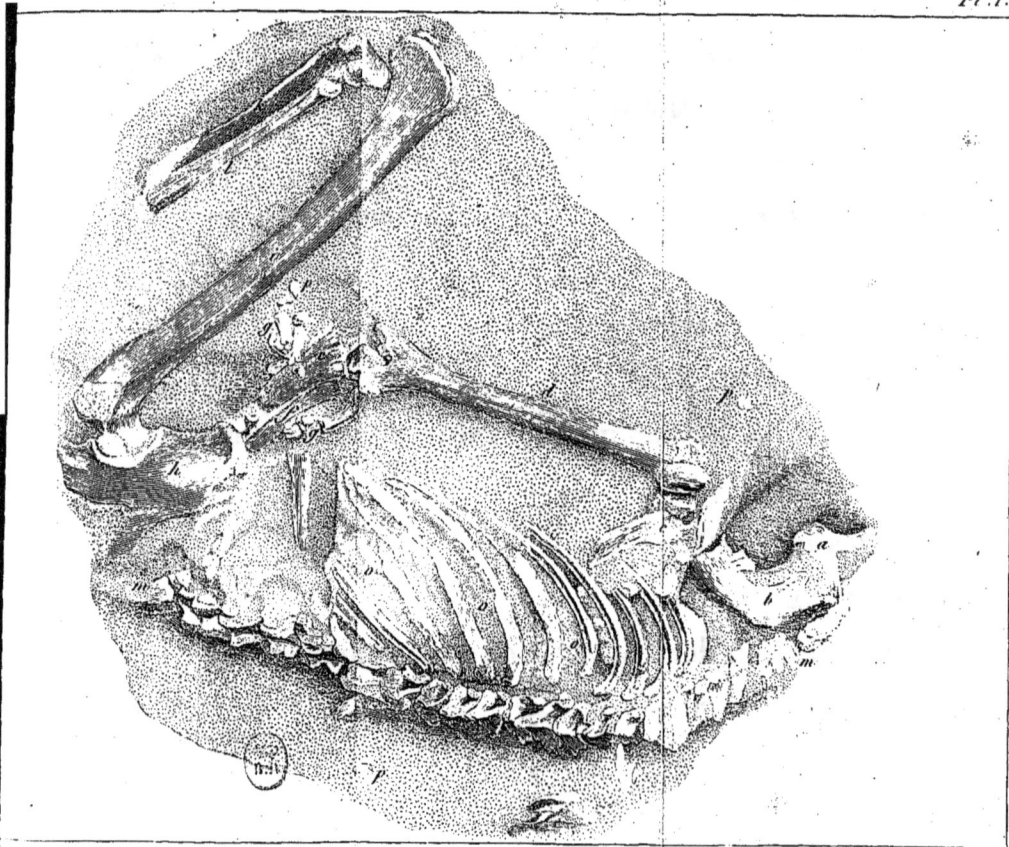

Pl. 1.

Pl. II.

Fig. 1.

Fig. 2.

Fig. 5.

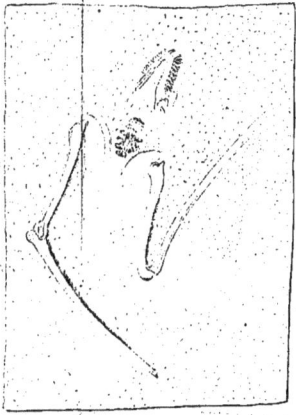

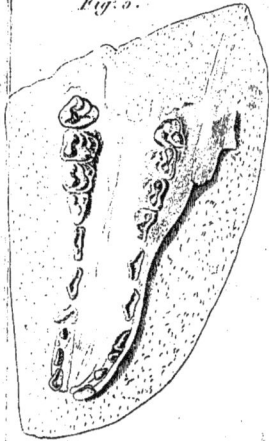

Fig. 4.

Fig. 5.

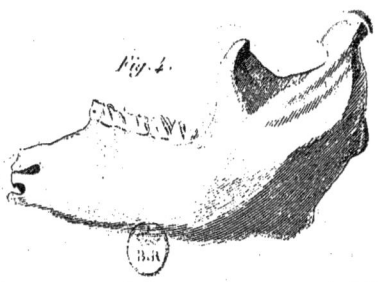

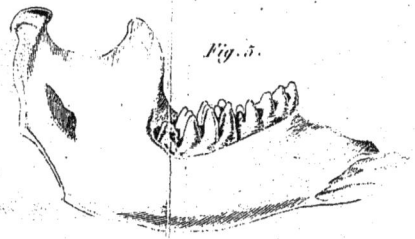

Fig. 1 et 2 Portion de squelette de Chauve souris de Montmartre. Fig. 5 Machoire supérieure d'Anoplotherium leporinum.
Fig. 4 et 5 Machoire inférieure de Mastodonte à dents étroites.

Pl. II

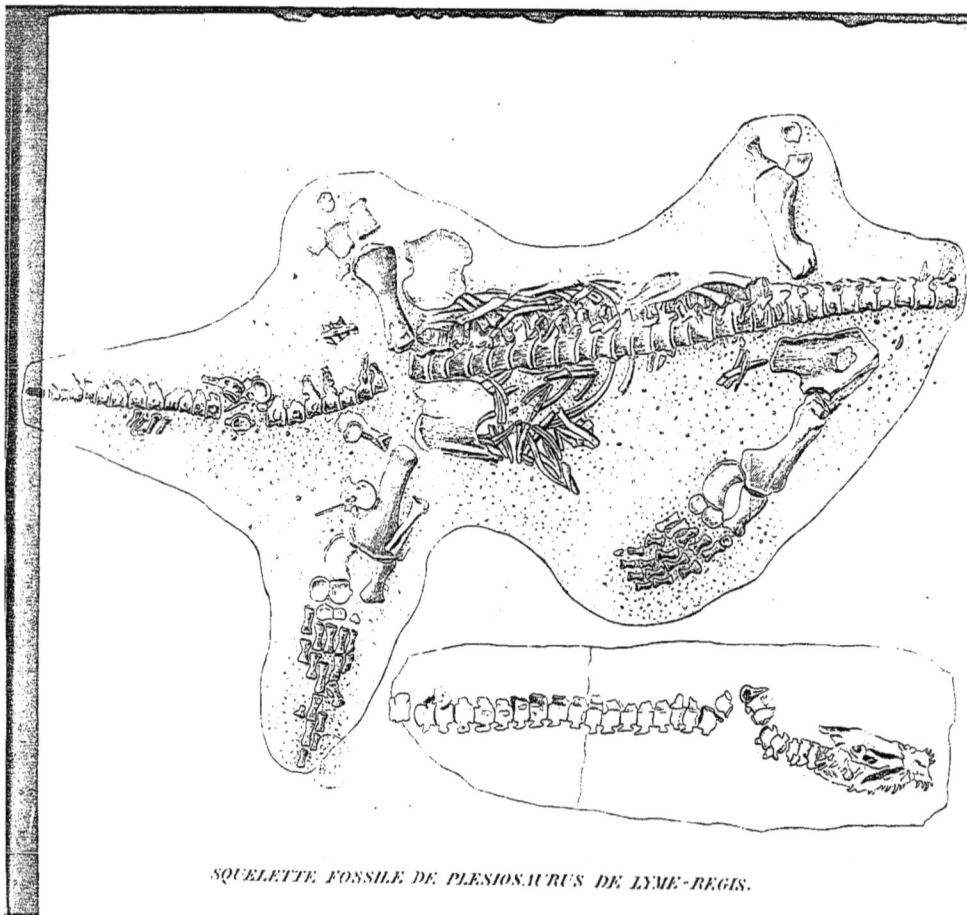

SQUELETTE FOSSILE DE PLESIOSAURUS DE LYME-REGIS.

Squelette d'Ibis, tiré d'une momie de Thèbes en Égypte.

Numenius Ibis,

Oiseau que je pense être le véritable Ibis des Égyptiens.

Figure d'Ibis, copiée sur l'un des temples de la haute Égypte.

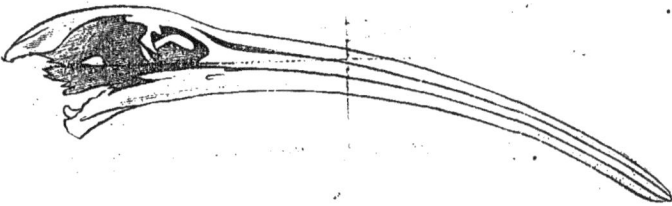

Bec tiré d'une momie d'Ibis, par M. Olivier, à moitié grandeur.

www.ingramcontent.com/pod-product-compliance
Lightning Source LLC
Chambersburg PA
CBHW052104230326
41599CB00054B/3729